21 世纪 技能创新型人才培养系列教材 机械设计制造系列

注塑模具综合实训项目教程

编写顾问◎顾淑群

主　　编◎王铁军　刘子佳　郑柏波

副 主 编◎侯立标　王国民　姚玉红　姚炯炯

　　　　　孙动策　朱卫强　茅吉鸿　王旭东

参　　编◎卢燮松　虞　侃　胡　杰　陆　琪

　　　　　符耀立　许　斌　杨金杰　叶金洋

　　　　　朱琦沁　王国龙　范晓茵

主　　审◎杨荣祥

中国人民大学出版社
·北京·

图书在版编目（CIP）数据

注塑模具综合实训项目教程／王铁军，刘子佳，郑
柏波主编. ——北京：中国人民大学出版社，2022.11
  21世纪技能创新型人才培养系列教材. 机械设计制造
系列
  ISBN 978-7-300-31201-9

  Ⅰ.①注… Ⅱ.①王… ②刘… ③郑… Ⅲ.①注塑－
塑料模具－教材 Ⅳ.①TQ320.66

  中国版本图书馆 CIP 数据核字（2022）第 203405 号

21世纪技能创新型人才培养系列教材·机械设计制造系列

注塑模具综合实训项目教程

编写顾问　顾淑群
主　　编　王铁军　刘子佳　郑柏波
副 主 编　侯立标　王国民　姚玉红　姚炯炯　孙动策　朱卫强　茅吉鸿　王旭东
参　　编　卢燮松　虞　侃　胡　杰　陆　琪　符耀立　许　斌　杨金杰　叶金洋
　　　　　朱琦沁　王国龙　范晓茵
主　　审　杨荣祥
Zhusu moju Zonghe Shixun Xiangmu Jiaocheng

出版发行	中国人民大学出版社		
社　　址	北京中关村大街 31 号	**邮政编码**	100080
电　　话	010 - 62511242（总编室）	010 - 62511770（质管部）	
	010 - 82501766（邮购部）	010 - 62514148（门市部）	
	010 - 62515195（发行公司）	010 - 62515275（盗版举报）	
网　　址	http://www.crup.com.cn		
经　　销	新华书店		
印　　刷	北京密兴印刷有限公司		
规　　格	185 mm×260 mm　16 开本	**版　　次**	2022 年 11 月第 1 版
印　　张	14.5	**印　　次**	2022 年 11 月第 1 次印刷
字　　数	362 000	**定　　价**	42.00 元

P R E F A C E 前言

　　模具是一种技术密集、资金密集型的产品，在我国国民经济中的地位非常重要。模具工业已被国家正式确定为基础产业与重点扶持产业。模具生产技术水平的高低，已成为衡量一个国家产品制造水平高低的重要标志，模具设计与制造专业的人才已经成为社会紧缺人才。为了顺应模具市场的需求，模具技能型人才的培养是关键。以培养模具能工巧匠型人才为目标，适应现代学徒制下的情境教学、职业能力培养"做中学、学中做"，并结合模具企业对从行人员技能的要求，我们编写了本书。

　　本书编写以企业模具设计、模具加工、模具装配、注塑生产（教材中以试模代替）及模具检测对应的岗位为依据，以典型注塑模具为载体，内容涵盖了识读图纸、分析查表、工艺安排、软件建模（制件建模和模具建模）、出模板和成型零件工程图、钳加工、数控编程、铣床操作、模具装配、成型零件抛光、试模及模具检测等知识和技能。全书每个任务都以任务内容、实训目标、实训步骤、任务评价的格式，让读者在实例操作过程中轻松掌握和领悟到知识内容的技能和技巧。本书的基本理论知识以实用、够用为原则，以适应模具岗位的技能要求。全书主要特点如下：

　　1. 采用任务驱动的方式，以"产品图纸—模具设计—模具制造—注塑成型—塑料制件"的编写思路，从模具的典型实例来渗透模具的理论知识。

　　2. 以模具企业岗位技能要求为本位，以模具专业课程所需的知识和技能为出发点，进一步整合模具专业相关技术知识，突出理论与实践相结合的特点。

　　3. 模具一线教师与企业一线工程师共同协作编写，图例源于模具企业生产实际，与模具专业培养目标相结合，以达到图书实用性的需求。

　　4. 教材中每个任务都有相应的评分表，评价内容多维多元、细致全面。除了对每个任务的成果评价外，也注重对每个任务过程的评价，在边学边做的过程中培养学生分析问题和解决问题的能力，同时使学生形成良好的职业素养。

　　本书是所有编写人员通力合作的成果，是集体智慧的结晶，全书由王铁军、刘子佳、郑柏波担任主编，侯立标、王国民、姚玉红、姚炯炯、孙动策、朱卫强、茅吉鸿、王旭东（新疆生产建设兵团第十师北屯职业技术学校）担任副主编，卢燮松、虞侃、胡杰、陆琪、符耀立、许斌、杨金杰、叶金洋、朱琦沁、王国龙、范晓茵参与编写，上海第二工业大学杨荣祥教授担任主审。宁波市职业与成人教育学院的顾淑群老师担任本书的编写顾问。

　　浙江工商职业技术学院徐新华教授、杭州中测科技有限公司陆军华总经理、宁波铂丽姿健康科技有限公司谢向杰总经理对本书的编写提供了许多帮助和指导，在此一并表示感谢！

由于编者水平有限，书中难免存在疏漏之处，恳请广大读者批评指正。

编者

目录

CONTENTS

模具设计

塑料制件的 3D 建模

塑料制件的 3D 建模是模具设计与制作前的关键性基础工作。为了后序能快捷、高效地设计模具，请根据塑料制件的精度要求及客户对模具和产品的技术要求，对塑料制件精确合理地进行 3D 建模。

1.1 制件的图纸分析

任务内容

熟悉"塑料模具设计与制作项目实训任务书"（见附录），看懂客户提供的图纸中各元素所表达的意思与要求，并填写制件图纸分析表。

教学视频 1.1

实训目标

1. 会读识工程图纸，能辨识出塑料制件的结构特征。

2. 会指出制件图纸中的设计基准，能区分图纸中的主要尺寸、次要尺寸，形状尺寸、位置尺寸等。

3. 会根据塑料制件精度查阅资料，能确定制件尺寸的公差值。

4. 能合理选取塑料制件 3D 建模时所需的各尺寸的实际值。

实施步骤

（1）根据任务书中客户提供的资料中得知：

塑料制件名称：塑料盖；

材料：ABS 透明；

收缩率：0.5％；

制件精度等级：MT2-B；

拔模斜率：1°。

又从附录图一制件图纸中查出壁厚为 2mm，将这些参数分别填入表 1-1 中。

（2）根据制件产品精度等级，查阅资料《工程塑料塑模塑件尺寸公差表》，查出各主要尺寸的公差值，并分别填入表 1-1 中。

如制件外形尺寸：长度 90mm，查得公差值为 0.48mm；宽度 60mm，查得公差值为 0.40mm；高度 12mm，查得公差值为 0.26mm。

表 1-1　制件图纸分析表

学校：				实习班级：		
学生组号：				学生姓名：		
模具名称：	（模具代号）	制表：		（姓名）	日期：	
制件名称：		材料：			收缩率：	
拔模斜度：		制件平均壁厚：			制件精度等级：	
制件表面要求：						
公称尺寸/mm	尺寸公差/mm		尺寸偏差标注/mm		造型时实际尺寸/mm	
外形尺寸 90	0.48		$90^{0}_{-0.48}$		89.76	
外形尺寸 60						
高度尺寸 12						
六边形孔 28						
台阶高度 7						
中心距 50						
圆弧半径 R48						
圆弧半径 R10						
壁厚 2						

注：

1. 制件外轮廓尺寸标注取基轴制，内轮廓尺寸标注取基孔制，中心距尺寸标注取对称偏差。

2. 造型时尺寸按对应公差的中间值选取。

（3）填写表 1-1 中的各尺寸偏差标注。

在产品零件设计时，为节约材料、降低成本、减轻制件重量，一般把外轮廓的尺寸偏差按基轴制来定，（即上偏差为 0）；把内轮廓的尺寸偏差按基孔制来定，（即下偏差为 0）；中心距等位置尺寸按对称偏差来定。

如：外轮廓尺寸长度 90mm，公差值为 0.48mm，可标为：$90^{0}_{-0.48}$ mm；

内轮廓尺寸孔 28mm，公差值为 0.32mm，可标为：$28^{+0.32}_{0}$ mm；

中心距 50mm，公差值为 0.36mm，可标为 50±0.18mm。

（4）合理选取塑料制件 3D 建模时所需的各尺寸的实际值，并填写入表 1-1 中。

尺寸偏差的公差带图中，考虑到模具成型零件的制造误差、抛光余量及模具使用寿命等影响，在 3D 建模时制件的实际尺寸往往按公差带图的中间位置取值。

如：$90^0_{-0.48}$ mm 尺寸在 3D 建模时选取 $90-0.24=89.76$ mm；

$28^{+0.32}_0$ mm 尺寸在 3D 建模时选取 $28+0.16=20.16$ mm；

50 ± 0.18 mm 尺寸在 3D 建模时选取 $50+0=50.00$ mm。

1.2 制件 3D 建模

 任务内容

根据附录客户给定的制件图纸（见附录项目实训任务书图一），使用 NX 软件，完成塑料制品的 3D 数字实体建模，文件保存到相应的文件夹内。

教学视频 1.2

 实训目标

1. 能读懂制件工程图纸。
2. 能熟练地使用模具设计软件对塑料制件 3D 建模。
3. 会合理地选取制件建模的基准坐标系。
4. 会设置拔模斜度。

 实施步骤

（1）打开软件 NX9.0，新建模型文件 SX01_CP.prt，如图 1-1 所示。

图 1-1 新建文件

（2）草绘制件轮廓线。

1）创建草图，选择基准坐标系的 X - Y 平面，如图 1 - 2 所示。

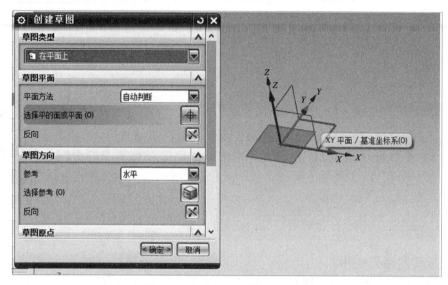

图 1 - 2 X - Y 平面/基准坐标系

2）草绘塑料制件图样中的俯视图，如图 1 - 3 所示。实际尺寸依据表 1 - 1 中的结果查取。

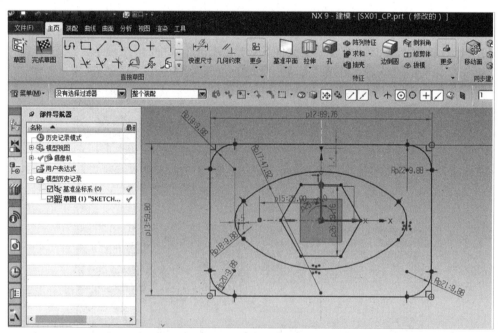

图 1 - 3 草绘轮廓线

（3）拉伸实体、设置拔模斜度。

1）拉伸长方体高度为 6.88mm，设置拔模 1°，如图 1 - 4 所示。

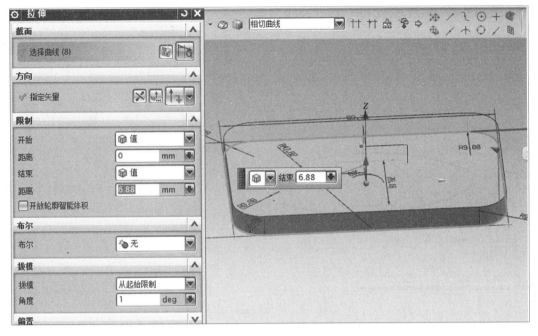

图 1-4 拉伸长方体

2）拉伸椭圆部分高度为 11.87mm，布尔运算设置为求和，拔模斜度设为 1°，如图 1-5 所示。

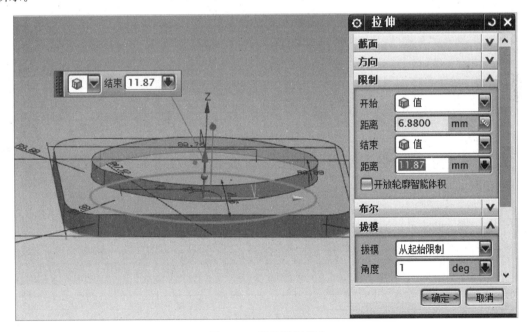

图 1-5 拉伸椭圆部分

（4）倒 R0.5mm 圆角，如图 1-6 所示。

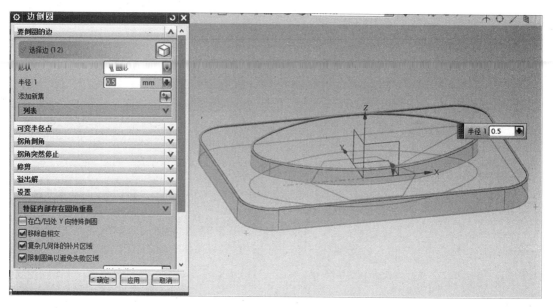

图 1-6 倒 R0.5mm 圆角

（5）抽壳，设置壁厚为 1.90mm，如图 1-7 所示。

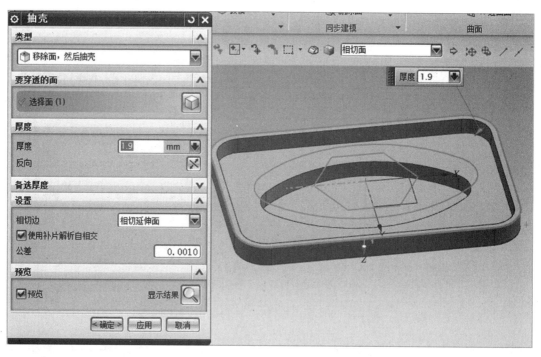

图 1-7 抽壳

（6）拉伸六角形孔。拉伸方向为 Z 轴负方向，拉伸开始位置为制件上表面，布尔运算为求差，拔模设置为 -1°，如图 1-8 所示。

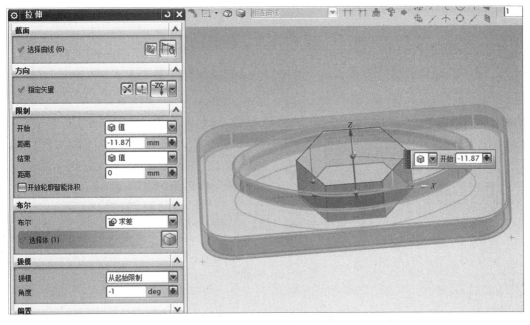

图 1-8　拉伸六角形孔

（7）检查所有尺寸，测量制件模型体积，如图 1-9 所示。

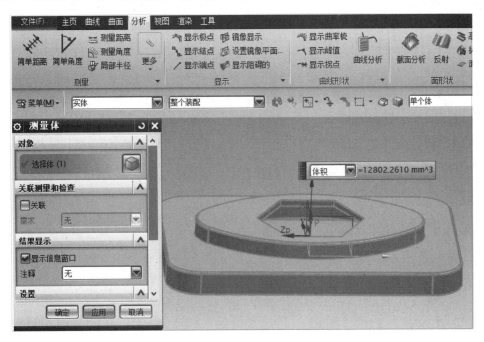

图 1-9　测量制件模型体积

（8）移除参数，保存塑料制件 3D 建模文件，如图 1-10 所示。

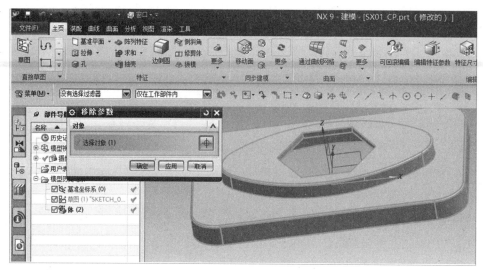

图 1-10 移除参数

每课寄语

模具是制造业的重要基础工艺装备，模具制造水平已经成为衡量一个国家制造业水平高低的重要标志，也是一个国家的工业产品保持国际竞争力的重要保证之一。今天你选择了学习模具专业，请坚持你的勤学、善思，努力学到技能的真谛，将来成为一名大国工匠，为中国制造、中国创造贡献力量。

 任务评价

表 1–2　塑料制件的 3D 建模评分表

学校:				实习班级:	
学生组号:				学生姓名:	
模具名称:			(代号)	制件名称:	
评分要素		分值	评分标准		得分
制件图纸分析表	材料名称、制件壁厚、拔模斜度、收缩率、精度等级、表面要求	6	错填、漏填一处扣 1 分		
	尺寸公差	9	错填、漏填一处扣 1 分		
	尺寸偏差标注	18	错填、漏填一处扣 2 分		
	造型时实际尺寸	18	错填、漏填一处扣 2 分		
制件 3D 建模	建模基准坐标系	4	原点位置选择不合理扣 2 分		
			坐标轴方向不合理扣 2 分		
	特征要素（矩形外轮廓、类椭圆形凸台、六边形孔、大圆角、小圆角、壁厚）	18	错画、漏画或多画一类特征扣 3 分，扣完为止		
	9 个主要尺寸对应的实际尺寸	18	错画、漏画一个尺寸扣 2 分		
	拔模斜度（3 处）	9	错画、漏画一处扣 3 分		
合计配分		100	合计得分		

注：评分要素中的制件 3D 建模得分为满分，才能做下一任务，否则返工。

任务 2

A1515 型模架 3D 建模

依据塑料注射模模架标准（GB/T 12555—2006），查阅 A1515 型模架组合尺寸，参考附录项目实训任务书中图二 SX01 模具结构图，使用 NX 软件，完成 A1515-30×20×60 型模架的 3D 建模。

2.1　模板 3D 建模

任务内容

依据塑料注射模模架标准，并且参考附录项目实训任务书中图二 SX01 模具结构图，使用 NX 软件，完成 A1515-30×20×60 型模架各模板的 3D 建模。

教学视频 2.1

实训目标

1. 会查阅塑料注射模模架标准，选定模架组合尺寸。
2. 会查询模具标准件国标，合理选定螺钉、导柱及复位杆的相关尺寸。
3. 能对模板 3D 建模。
4. 能对螺钉孔、导柱孔及复位杆孔造型设计。

实施步骤

（1）新建模架文件 A1515-30×20×60.prt，如图 2－1 所示。

新文件名	
名称	A1515-30X20X60.prt
文件夹	F:\18MJSX01-ZBB\
要引用的部件	

图 2－1　新建模架文件

（2）定模板建模。

1）参考附录项目实训任务书中的图二模具结构图及塑料注射模模架标准（GB/T 12555—2006），查出定模板相关尺寸，并把相应数据填入表 2-1 中。

表 2-1　定模板数据表

定模板	几何尺寸	数量	位置
外形尺寸			
螺纹孔			
导柱孔			

2）依据表 2-1 中的数据，画出定模板，如图 2-2 所示。

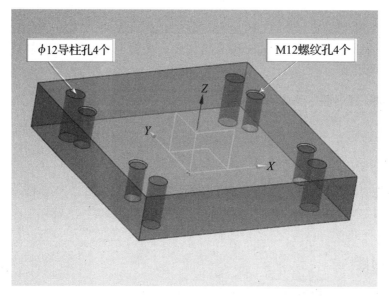

图 2-2　定模板

（3）定模座板建模。

1）参考附录项目实训任务书中的图二模具结构图及塑料注射模模架标准（GB/T 12555—2006），查出定模座板相关尺寸，并把相应数据填入表 2-2 中。

表 2-2　定模座板数据表

定模座板	几何尺寸	数量	位置
外形尺寸			
螺钉间隙孔			

2）依据表 2-2 中的数据，画出定模座板，如图 2-3 所示。

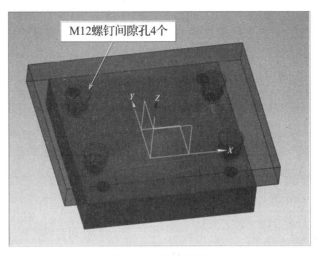

图 2-3 定模座板

（4）动模板建模。

1）参考附录项目实训任务书中的图二模具结构图、塑料注射模模架标准（GB/T 12555—2006）和带头导柱国家标准（GB/T 4169.4—2006），查出动模板相关尺寸，并把相应数据填入表 2-3 中。

表 2-3 动模板数据表

动模板	几何尺寸	数量	位置
外形尺寸			
导柱安装孔			
螺纹孔			
复位杆孔			

2）依据表 2-3 中的数据，画出动模板，如图 2-4 所示。

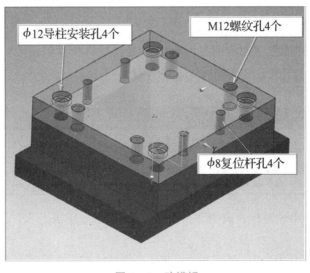

图 2-4 动模板

（5）支承板建模。

1）参考项目实训任务书中的图二模具结构图及塑料注射模模架标准（GB/T 12555—2006），查出支承板相关尺寸，并把相应数据填入表 2-4 中。

表 2-4　支承板数据表

支承板	几何尺寸	数量	位置
外形尺寸			
螺钉间隙孔			
复位杆孔			

2）依据表 2-4 中的数据，画出支承板，如图 2-5 所示。

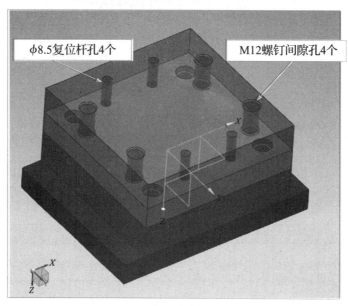

图 2-5　支承板

（6）垫块建模。

1）参考项目实训任务书中的图二模具结构图及塑料注射模模架标准（GB/T 12555—2006），查出垫块相关尺寸，并把相应数据填入表 2-5 中。

表 2-5　垫块数据表

垫块	几何尺寸	数量	位置
外形尺寸			
螺钉间隙孔			
螺纹孔			

2）依据表 2-5 中的数据，画出 2 个垫块，如图 2-6 所示。

（7）推板建模。

1）参考项目实训任务书中的图二模具结构图、塑料注射模模架标准（GB/T 12555—2006），及推板标准（GB/T 4169.7—2006），查出推板相关尺寸，并把相应数据填入表 2-6 中。

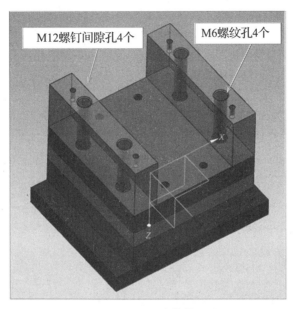

图 2-6 2 个垫块

表 2-6 推板数据表

推板	几何尺寸	数量	位置
外形尺寸			
螺钉间隙孔			

2）依据表 2-6 中的数据，画出推板，如图 2-7 所示。

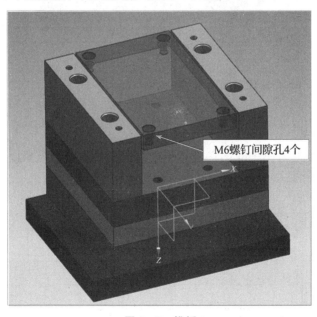

图 2-7 推板

注塑模具综合实训项目教程

（8）推杆固定板建模。

1）参考项目实训任务书中的图二模具结构图、塑料注射模模架标准（GB/T 12555—2006），及复位杆标准（GB/T 4169.13—2006）（这里φ8复位杆可以用φ8推杆代替），查出推杆固定板相关尺寸，并把相应数据填入表2-7中。

表2-7 推杆固定板数据表

推杆固定板	几何尺寸	数量	位置
外形尺寸			
螺纹孔			
复位杆安装孔			

2）依据表2-7中的数据，画出推杆固定板，如图2-8所示。

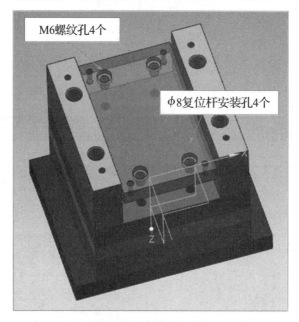

图2-8 推杆固定板

（9）动模座板建模。

1）参考项目实训任务书中的图二模具结构图、塑料注射模模架标准（GB/T 12555—2006），查出动模座板相关尺寸，并把相应数据填入表2-8中。

表2-8 动模座板数据表

动模座板	几何尺寸	数量	位置
外形尺寸			
螺钉间隙孔			
螺钉间隙孔			

2）依据表2-8中的数据，画出动模座板，如图2-9所示。

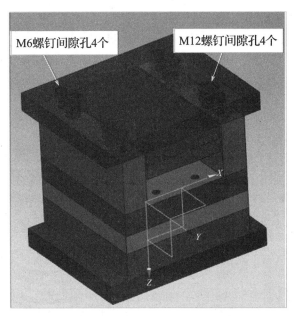

图 2-9　动模座板

2.2　内六角螺钉 3D 造型

　任务内容

查阅常用内六角螺钉国家标准，完成内六角螺钉 M12×25、M12×110、M6×20 的 3D 造型。

　实训目标

1. 会查阅常用内六角螺钉国家标准（GB/T 70.1—2000）选定螺钉的相关尺寸。
2. 会内六角螺钉的 3D 造型。

教学视频 2.2

　实施步骤

（1）查阅内六角螺钉国家标准（GB/T 70.1—2000），选定 M12×25、M12×110、M6×20 螺钉的相关尺寸，并把相应数据填入表 2-9 中。

表 2-9　螺钉数据表

内六角螺钉	M12×25	M12×110	M6×20
公称直径和长度			
螺钉头直径和长度			

续表

内六角螺钉	M12×25	M12×110	M6×20
螺纹长度			
六角形内切圆直径和六角形孔深度			

（2）依据表 2-9 中的数据，先画出 M12×25 内六角螺钉，如图 2-10 所示。

图 2-10　M12×25 内六角螺钉

（3）用移动复制命令，把 M12×25 螺钉安装到模架上模部分定模板与定模座板的 4 个螺钉孔内，如图 2-11 所示。

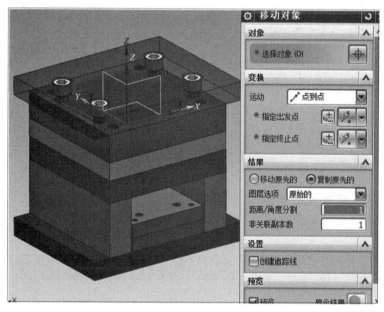

图 2-11　安装 4 个 M12×25 螺钉

（4）依据表 2-9 中的相关尺寸，分别画出 M12×110、M6×20 螺钉，如图 2-12 所示。

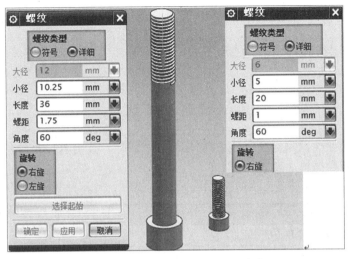

图 2-12　M12×110、M6×20 螺钉

（5）用移动复制命令，把 4 个 M12×110 和 8 个 M6×20 螺钉分别安装到模架下模部分的相应位置，如图 2-13 所示。

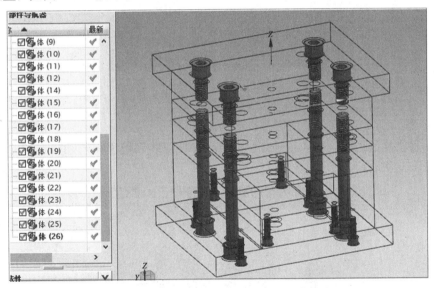

图 2-13　安装 M12×110 螺钉和 M6×20 螺钉

2.3　导柱 3D 造型

 任务内容

查阅带头导柱国家标准（GB/T 4169.4—2006），完成 φ12×50mm 导

教学视频 2.3

注塑模具综合实训项目教程

柱的 3D 造型。

实训目标

1. 会查阅带头导柱国家标准（GB/T 4169.4—2006）选定导柱的相关尺寸。
2. 会导柱的 3D 造型。

实施步骤

（1）查阅带头导柱国家标准（GB/T 4169.4—2006），查出直径 φ12×50mm 导柱的相关尺寸，并把相应数据填入表 2-10 中。

表 2-10　φ12×50mm 导柱数据表

公称直径和长度	
导柱头直径和长度	
油槽半径	

（2）依据表 2-10 相关尺寸画出 φ12×50mm 导柱，如图 2-14 所示。

图 2-14　φ12×50mm 导柱

（3）用移动复制命令，把 4 根 φ12×50mm 导柱安装到定模板与动模板的 4 个导柱孔内，如图 2-15 所示。

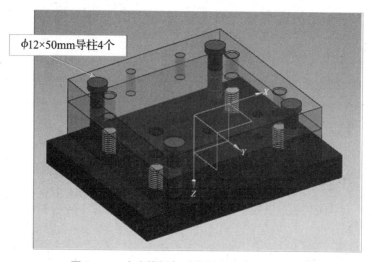

图 2-15　在定模板与动模板上安装 4 个导柱

X

Y

Z

—20—

2.4 复位杆 3D 造型

 任务内容

查阅复位杆国家标准（GB/T 4169.13—2006），完成 ϕ8×90mm 复位杆的 3D 造型。

教学视频 2.4

实训目标

1. 会查阅复位杆国家标准（GB/T 4169.13—2006）选定复位杆的相关尺寸。
2. 会复位杆 3D 造型。

 实施步骤

（1）查阅复位杆国家标准（GB/T 4169.13—2006），查出直径 ϕ8×90mm 复位杆的相关尺寸（也可用 ϕ8mm 推杆替代），并把相应数据填入表 2-11 中。

表 2-11 ϕ8×90mm 复位杆数据表

公称直径和长度	
复位杆头直径和长度	

（2）依据表 2-11 尺寸画出 ϕ8×90mm 复位杆，如图 2-16 所示。

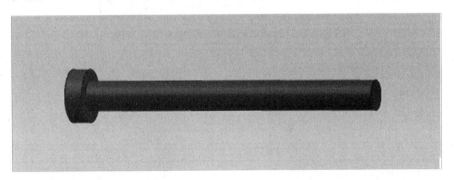

图 2-16 ϕ8×90mm 复位杆

（3）用移动复制命令，把 4 根 ϕ8×90mm 复位杆安装到推杆固定板、支承板、动模板的 4 个复位杆孔内，如图 2-17 所示。

（4）最后在模架侧面相应位置画出 M12 模具吊环螺钉孔，所有棱边倒角 C2，完成的 A1515-30×20×60 型模架的 3D 模型共有 33 个零件，其外形如图 2-18 所示。模架的下模和上模部分如图 2-19、图 2-20 所示。

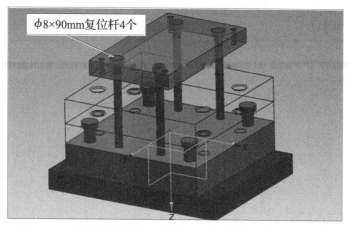

图 2－17　在推杆固定板、支承板、动模板上安装 4 个复位杆

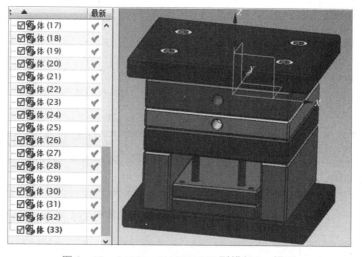

图 2－18　A1515－30×20×60 型模架 3D 模型

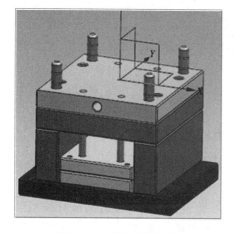

图 2－19　模架下模部分

图 2－20　模架上模部分

每课寄语

　　大国工匠身处各行各业，大到一个行业一个企业，小到一个生产车间一个关键岗位，细到一个技能一个技巧的精准动作。我们要善于借用他山之石来磨砺自己，善于学习，肯于钻研，用我们的智慧和双手创造更加美好的明天。

任务评价

表 2-12　模架 3D 建模评分表

学校：			实习班级：		
学生组号：			学生姓名：		
评分项目	评分要素		分值	评分标准	得分
定模板	查表数据是否合理	3D 造型的形状和位置是否准确	9	每错、漏 1 处扣 1 分，扣完为止	
定模座板			9		
动模板			9		
支承板			9		
垫块			9		
推板			9		
推杆固定板			9		
动模座板			9		
内六角螺钉			9		
导柱			9		
复位杆	模板所有棱边是否倒角、吊环孔尺寸和位置是否合理		6		
倒角和吊环孔			4		
合计配分			100	合计得分	

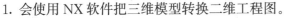

任 务 3

绘制模架零件 2D 工程图

任务内容

根据任务 2 完成的模架 3D 造型，利用每块模板的 3D 模型导出零件加工的工程图纸，以 PDF 格式保存。

教学视频 3

实训目标

1. 会使用 NX 软件把三维模型转换二维工程图。

2. 会查阅模板国家标准（GB/T 4169.8—2006），能合理选用模板的尺寸公差及形位公差精度。

3. 会查阅模板国家标准，能合理选定模板的技术要求。

实施步骤

（1）打开任务 2 完成的模架 3D 模型文件 A1515 - 30×20×60. prt，选择定模座板，导出定模座板文件 01. prt，如图 3 - 1 所示。

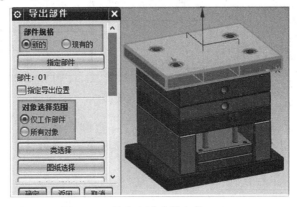

图 3 - 1　导出定模座板文件 01. prt

（2）打开定模座板文件 01.prt，进入制图功能，设置 A4 图框，并填写标题栏，如图 3-2
所示。

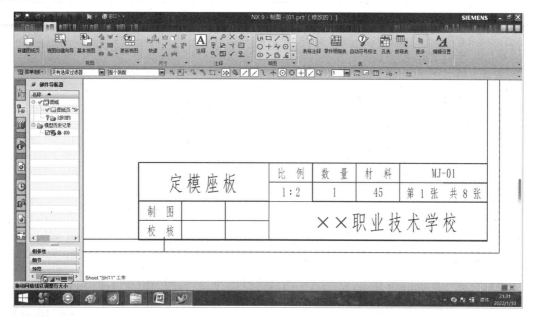

图 3-2　A4 图框及标题栏

（3）创建视图，放置俯视图、主视图（全剖）、正三轴测图，如图 3-3 所示。

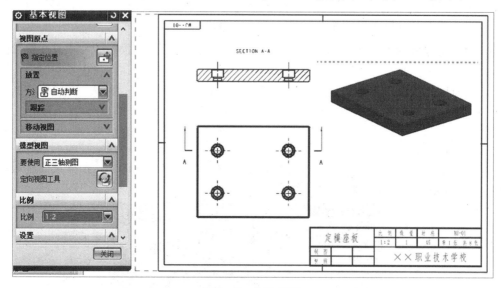

图 3-3　创建视图

（4）标注模板各特征的几何尺寸及位置尺寸，查阅模板国家标准（GB/T 4169.8—
2006），标出重要的尺寸公差及表面粗糙度值；查阅形位公差表（GB/T 1184—1996），标
出重要的形位公差值，如图 3-4 所示。

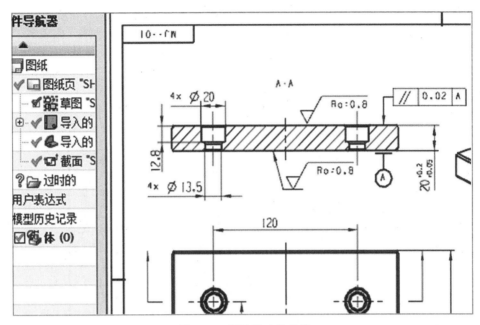

图 3-4 标注尺寸公差等

（5）查阅模板国家标准（GB/T 4169.8—2006），并用"注释"命令写出定模座板的技术要求，如图 3-5 所示。

（6）保存图纸，导出"01.pdf"文件。

（7）重复以上过程，分别绘制出各模板的 2D 工程图，导出相应的"pdf"格式文件：

1）定模座板 2D 工程图（01.pdf 文件），如图 3-6 所示。

2）定模板 2D 工程图（02.pdf 文件），如图 3-7 所示。

3）动模板 2D 工程图（03.pdf 文件），如图 3-8 所示。

4）支承板 2D 工程图（04.pdf 文件），如图 3-9 所示。

5）垫块 2D 工程图（0506.pdf 文件），如图 3-10 所示。

6）推杆固定板 2D 工程图（07.pdf 文件），如图 3-11 所示。

7）推板 2D 工程图（08.pdf 文件），如图 3-12 所示。

8）动模座板 2D 工程图（09.pdf 文件），如图 3-13 所示。

图 3-5 定模座板技术要求

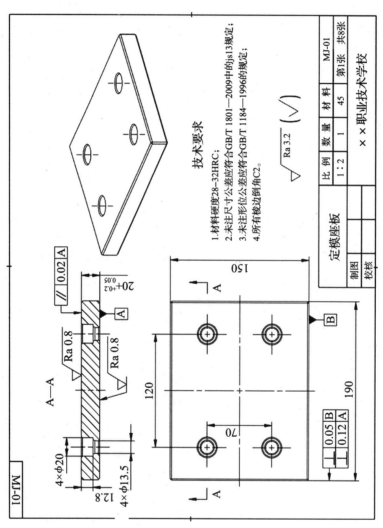

技术要求

1.材料硬度28~32HRC;
2.未注尺寸公差应符合GB/T 1801—2009中的js13规定;
3.未注形位公差应符合GB/T 1184—1996的规定;
4.所有棱边倒角C2。

$\sqrt{Ra\ 3.2}$ $\left(\sqrt{}\right)$

定模座板		比 例	数 量	材 料	MJ-01	
		1:2	1	45	第1张	共8张
制图				××职业技术学校		
校核						

图 3-6 定模座板2D工程图（0.1PDF文件）

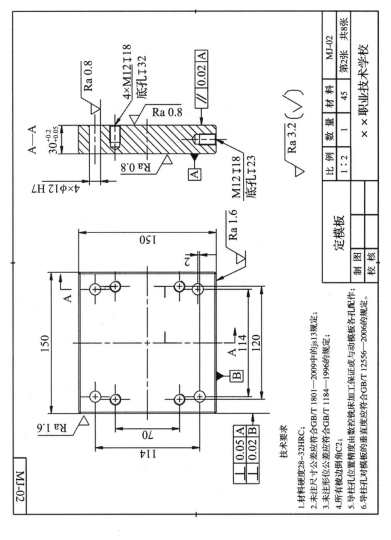

图 3-7 定模板 2D 工程图（02.pdf 文件）

技术要求
1. 材料硬度 28～32HRC；
2. 未注尺寸公差应符合 GB/T 1801—2009 中的 js13 规定；
3. 未注形位公差应符合 GB/T 1184—1996 的规定；
4. 所有棱边倒角 C2；
5. 导柱孔位置精度由数控铣床加工保证或与动模板各孔配作；
6. 导柱孔对模板的垂直度应符合 GB/T 12556—2006 的规定。

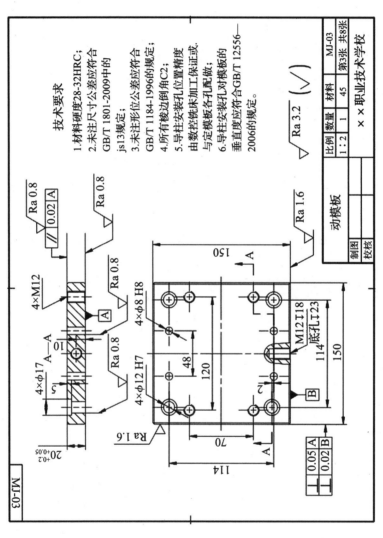

图3-8 动模板2D工程图（03.pdf文件）

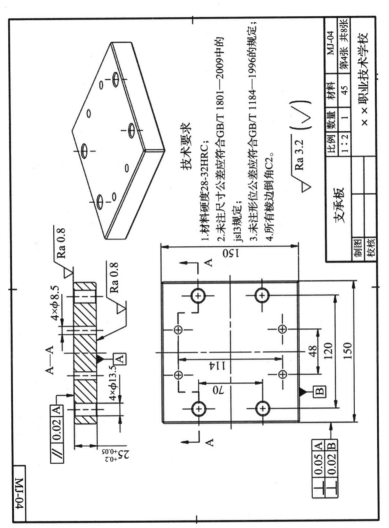

图 3-9　支承板 2D 工程图（04.pdf 文件）

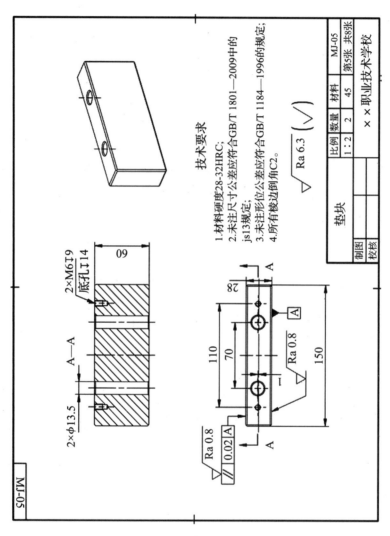

技术要求

1.材料硬度28-32HRC;
2.未注尺寸公差应符合GB/T 1801—2009中的js13规定;
3.未注形位公差应符合GB/T 1184—1996的规定;
4.所有棱边倒角C2。

图3-10 垫块2D工程图（0506.pdf文件）

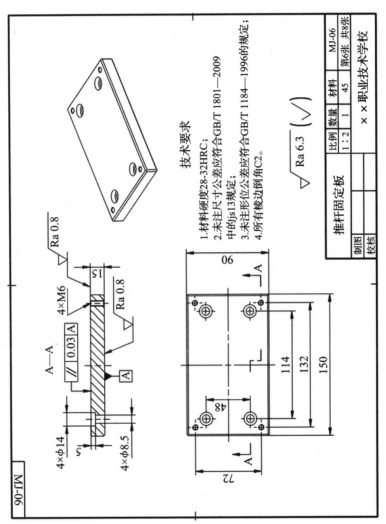

图 3-11　推杆固定板2D工程图（07.pdf文件）

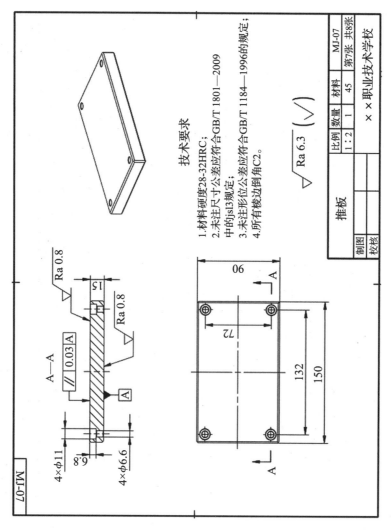

技术要求

1.材料硬度28-32HRC;
2.未注尺寸公差应符合GB/T 1801—2009中的js13规定;
3.未注形位公差应符合GB/T 1184—1996的规定;
4.所有棱边倒角C2。

$\sqrt{Ra\ 6.3}$ ($\sqrt{\ }$)

A—A

// 0.03 A

Ra 0.8

Ra 0.8

15

4×φ11

6.8

4×φ6.6

A

90

72

132

150

A

A

推板	比例	数量	材料			
	1:2	1	45	MJ-07		
制图				第7张 共8张		
校核		××职业技术学校				

图 3-12　推板2D工程图（08.pdf文件）

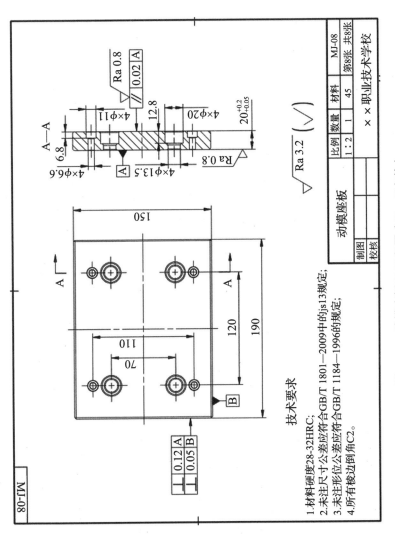

技术要求

1.材料硬度28-32HRC;

2.未注尺寸公差应符合GB/T 1801—2009中的js13规定;

3.未注形位公差应符合GB/T 1184—1996的规定;

4.所有棱边倒角C2。

图3－13　动模座板2D工程图（09.pdf文件）

每课寄语

　　工匠精神既是一种技能，也是一种品质，更是一种态度，其中的灵魂是对细节的不断完善和创新。模具的工程图纸是模具重要的技术文件，是模具制造与检测的重要依据，需要绘图者专业、细致、精益求精，力求完美，做到零缺陷。

任务评价

表 3 - 1　模架零件 2D 工程图评分表

| 学校： | 实习班级： |
| 学生组号： | 学生姓名： |

	评分要素	分值	评分标准	得分
定模板	1. 视图表达是否合理（视图选择、布局、线型和线宽）2 分； 2. 查表数据是否准确（尺寸公差、几何公差、表面粗糙度）3 分； 3. 标注是否齐全（尺寸及公差、基准、几何公差、表面精度）4.5 分； 4. 技术要求是否合理 1 分； 5. 标题栏内容是否齐全　2 分	12.5	每错、漏 1 处扣 0.5 分，扣完为止	
定模座板		12.5		
动模板		12.5		
支承板		12.5		
垫块		12.5		
推板		12.5		
推杆固定板		12.5		
动模座板		12.5		
合计配分		100	合计得分	

任务 4

模具设计 3D 建模

使用 NX 软件，完成塑件分析、成型零件、浇注系统、顶出机构、冷却水路及排气系统的设计，完成整副模具的 3D 实体建模。

4.1 塑件分析

 任务内容

查出 ABS 塑料基本特性，分析塑件成型工艺性，计算出塑件体积与重量，初步选定模架尺寸及注塑机型号。

教学视频 4.1

 实训目标

1. 能收集整理 ABS 塑料的相关资料，会塑料产品分析。
2. 会选用定模板、动模板尺寸，能初步选定模架大小尺寸。
3. 能计算合模力与注射量，会初步选择注塑机型号。

 实施步骤

（1）ABS 工程塑料是丙烯腈、丁二烯和苯乙烯的三元共聚物，无毒、无味，非结晶体，外观呈象牙色半透明或透明颗粒状。其综合性能较好，抗冲击强度较高，热稳定性较好，熔体流动性较好，制品尺寸稳定性好，允许含水量为 0.1%，但其吸水率为 0.2~0.45%，因此在成型前应充分干燥处理。请上网查阅相关资料，并填写表 4-1。

表 4-1　ABS 工程塑料基本资料

密度：		收缩率：	
成型温度：		分解温度：	
模具温度：		干燥条件：	
溢边值		退火方法：	
制品允许壁厚：		流长比：	

（2）从项目实训任务书的图一塑料制件工程图纸上分析，塑件外形为长方形，长、宽、高分别为 90mm、60mm、12mm，上面有一个 5mm 高度的椭圆形凸台，中间有个内切圆直径 28mm 的六角形孔，总体产品结构简单。塑料产品 6 万个（小批量生产），模具可以设计为一模一腔的二板模。

塑件尺寸精度为 MT2-B 级中等精度，其重要尺寸公差值见表 1-1 制件图纸分析表，模具制造精度取 $\delta_z = \Delta/4$。产品为透明件，表面要求光洁，外形无明显缩痕气泡等缺陷，表面粗糙度 Ra 取 $0.8\mu m$。

（3）壁厚分析，如图 4-1 所示。产品壁厚 1.9mm，较为均匀，符合 ABS 塑件允许壁厚 1.5～4.5mm，故比较容易注塑成型。

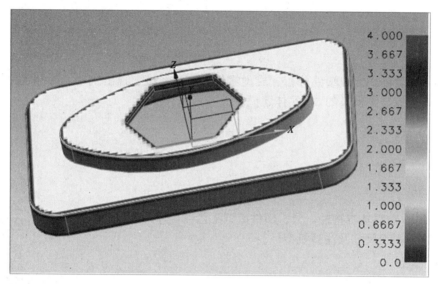

图 4-1　壁厚分析

（4）拔模分析：拔模方向 Z 轴，拔模角 1°，如图 4-2 所示。

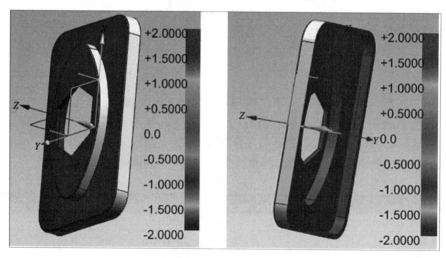

图 4-2　拔模分析

（5）初步确定模架尺寸。

为节约模具成本、方便零件加工，从任务书中模具装配示意图也可发现，本例模具采用整体式型腔结构，"一模一腔"二板模设计方案。

1）查阅《塑料模设计手册》，按型腔宽度 60mm 尺寸，选型腔壁厚经验数据为 30mm；型腔板厚度中小型模具按型腔最深值＋20～30mm、大型模具＋40～60mm 选取，（如要得到精确数值，请学习大学课本《塑料注射成型与模具设计》中的计算公式，中小型模具按强度计算，大型模具按刚度计算）可得：

型腔板宽度尺寸＝60＋30＋30＝120mm
型腔板长度尺寸＝90＋30＋30＝150mm
型腔板高度尺寸＝12＋20＝32mm

查阅塑料注塑模模架标准（GB/T 12555—2006），又因定模板紧贴着定模座板，受压不易变形，所以定模板外形尺寸可修正为：

A 150mm（长）×150mm（宽）×30mm（高）

2）模具型芯采用整体式镶嵌型芯，便于加工与热处理，修理更换方便。型芯成型部分高度为 12mm，其固定部分深度按经验数据 0.4～0.6 倍型芯总高计算，得深度为 18mm，取值修正为 20mm，查阅模架标准，动模板外形尺寸可修正为：

B 150mm×150mm×20mm

3）垫块的高度。查阅 1515 型模架，推杆固定板厚 13mm，推板厚 15mm，为了模板材料准备方便，本例这两块板厚度取一样，都是 15mm。塑件脱模顶出高度为 12mm，则垫块的高度＝15＋15＋12＋10～15＝52～58mm，垫块的外形尺寸可修正为：

C 28mm×150mm×60mm

4）根据以上数据，初步确定模架型号：A1515－30×20×60，模架总高度为：

20（定模座板）＋30（定模板）＋20（动模板）＋25（支承板本例取 25，强度足够）＋60（垫块）＋20（动模座板）＝175mm。

结合上述数据，填写模架主要零件数据表 4－2。

表 4－2　初步确定模架主要零件数据表

密度：		收缩率：			
名称	尺寸/mm	名称	尺寸/mm	名称	尺寸/mm
定模座板		支承板		推板	
定模板		垫块		定模座板	
动模板		推杆固定板			

（6）初步选择注塑机型号。

1）计算注射容量。ABS 平均收缩率为 0.5%，常温平均密度为：1.05～1.18g/cm³。塑件体积为 12.8cm³，质量为：14.1g，塑件外形在 XY 平面上最大的投影面积 $A=9×6=54cm^2$，如图 4－3 所示。

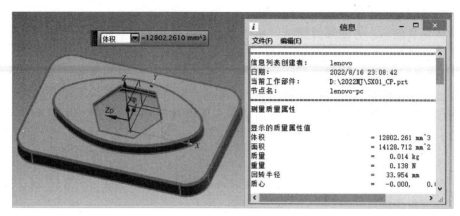

图 4-3 塑件体积与质量分析

由于模具为"一模一腔"二板模，浇注系统冷凝料体积经估算 $\approx 4.5\text{cm}^3$，质量 $\approx 5\text{g}$，所以注塑机一次成型注射 ABS 塑料熔体总体积 $V = 12.8 + 4.5 \approx 18\text{cm}^3$，总质量 $M = 14.1 + 5 \approx 20\text{g}$。

2）计算合模力。合模力计算公式：

$$F \geqslant KPA/1\,000$$

式中，F：合模力（T）；

K：安全系数，一般取 $1.1 \sim 1.2$；

P：模内平均压力（kg/cm^3），ABS 塑料 $P = 300 \sim 400$；

A：模内塑料在分型面上的总投影面积（cm^2）。

则本例模具所需合模力为：

$$F \geqslant 1.2 \times 400 \times 54/1000 \approx 26\text{T}(\text{吨})$$

3）结合上述数据，本例注塑机选用海天 HT MA600/150-A，其主要技术参数见表 4-3。

表 4-3　初步选定的注塑机主要技术参数表

	HT MA600/150-A 型	SX01 简单塑料盖模具
理论注射容量/cm³		
注射重量/g		
合模力/T		
允许模具厚度/mm		
合模行程/mm		
拉杆内间距/mm		
顶出行程/mm		
定位法兰直径/mm		
喷嘴型号/mm		

4.2 成型零件设计

任务内容

使用 NX 软件，完成塑件的收缩率设置，找出模具的分型面，设计型芯与型腔，并完成成型零件的 3D 建模。

教学视频 **4.2**

实训目标

1. 会设置塑件收缩率。
2. 会合理布局型腔位置，会合理设计模具的分型面。
3. 会设计型芯与型腔，并完成成型零件的 3D 建模。
4. 会合理选用成型零件的材料。

实施步骤

（1）设置塑件收缩率。打开 SX01_CP.prt 文件，用缩放体命令设置比例因子＝1.005（收缩率 0.5％），如图 4-4 所示。另存为文件 SX01_MJ3D.prt。

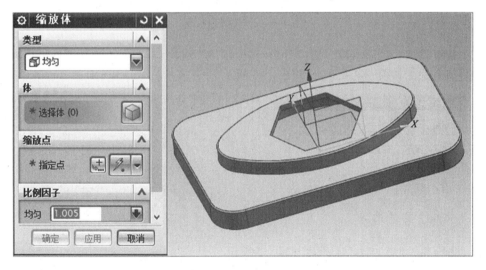

图 4-4 设置塑件收缩率

（2）型腔排位布局。

型腔位置的合理布局有以下几点排位原则：

1）流道最短原则，减少浇注凝料，节约钢材与模具制造成本。

2）温度平衡原则，使型腔各处温度相等，各塑件收缩率相等。

3）压力平衡原则，使模具在注塑时各型腔承受注射涨型力的合力在模具中心，与合模力方向在同一条直线上。

注塑模具综合实训项目教程

4）进料平衡原则，对于"一模多腔"模具，流道和浇口的尺寸大小应尽量做到注射时各型腔同时进料、同时充满。对于相同塑件进料口位置应相同。

导入模架文件 A1515 - 30×20×60.prt，移动塑件位置，使塑件的长度、高度方向与模架的 X 轴、Z 轴方向一致，塑件底面中心与定模板底面中心重合，模具"一模一腔"，如图 4 - 5 所示。

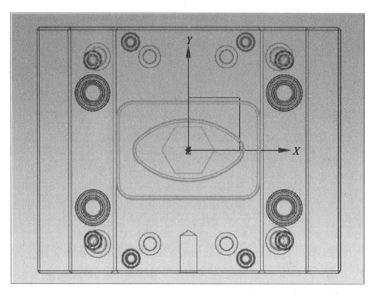

图 4 - 5 模具型腔布局

（3）检查型腔、型芯区域。用"分析-检查区域"命令，设置 Z 轴正方向为脱模方向，检查塑件所有面的拔模是否正确，如图 4 - 6 所示。

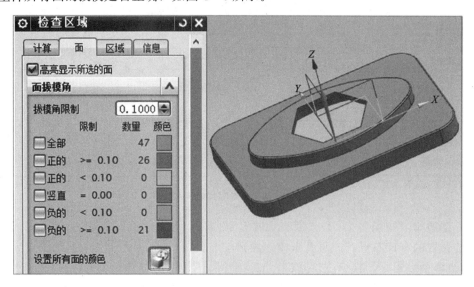

图 4 - 6 检查拔模

定义型腔、型芯区域，以不同颜色区分，如图 4 - 7 所示。

- 44 -

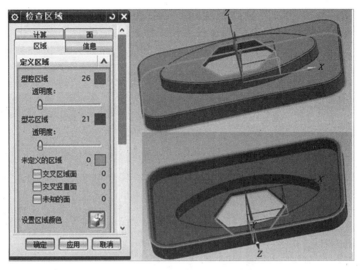

图 4-7　定义型腔、型芯区域

（4）确定分型面。

设计分型面时要注意以下三点：

1）分型面的位置，选定塑件哪些面是型腔成型，哪些面是型芯成型。

2）分型面的形状，确定分型面是平面、斜面、阶梯面还是圆弧面。

3）分型面的定位，如何保证型腔与型芯合模时有精准的相对位置，是否需要设置精定位。

分型面位置设计一般有以下几点原则：

1）外形美观原则。分型面的选择应有利于保证塑件的外观质量。

2）加工方便原则。分型面的选择应使模具结构简单，型芯型腔加工方便。

3）成型容易原则。分型面的选择应有利于浇注、排气及冷却系统的设计。

4）脱模顺畅原则。分型面应选择在塑件的最大截面处，并确保在开模时使塑件留在有推出机构的一侧。

本例模具选定分型面位置在塑件底面，形状为平面，由于塑件是小批量生产，导柱表面磨损不严重，型芯与型腔相对位置精度可由导柱与导柱孔的配合精度来保证，不另外设计精定位，如图 4-8 所示。

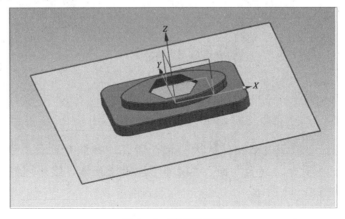

图 4-8　确定分型面

（5）设计型腔。型腔是成型塑件的外表面，所以用"抽取几何体"命令，抽出塑件所有外表面，再用"有界平面"命令补六边形孔，然后用"缝合"命令把分型面、外表面、补孔面缝合为一张面，如图4-9所示。最后用这张缝合面对定模板"修剪体"，就形成了型腔，如图4-10所示。

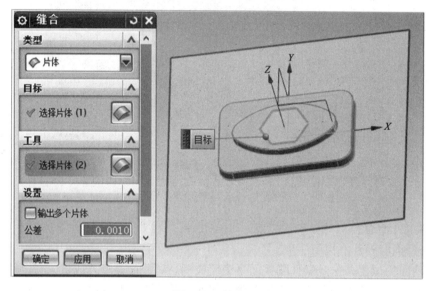

图4-9 缝合面

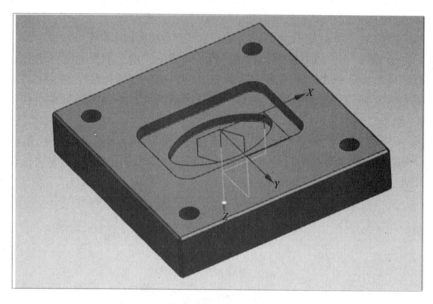

图4-10 型腔设计

（6）设计型芯。型芯是成型塑件的内表面，所以"抽取几何体"塑件所有内表面→"有界平面"补六边形孔→"缝合"面，"拉伸"边界线为体，然后用缝合的面"修剪体"形成型芯镶块，如图4-11所示。

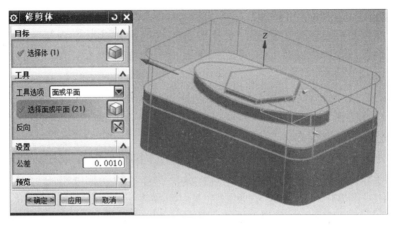

图 4-11　设计型芯镶块

设计型芯镶块安装固定部位：安装部位高度 20mm，"拉伸"底面边界线，偏置单侧 2.5mm（小型芯 2～3mm），台阶高度 7mm（型芯加工时需要装夹高度≥5mm），如图 4-12 所示。

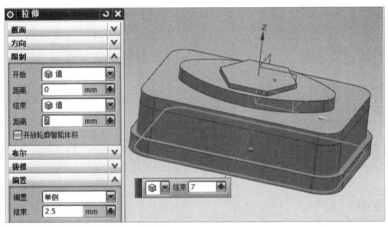

图 4-12　型芯镶块安装固定部位

（7）设计动模板型芯安装框孔。型芯镶块底面与动模板底面相平，与型芯求差得框孔，如图 4-13 所示。

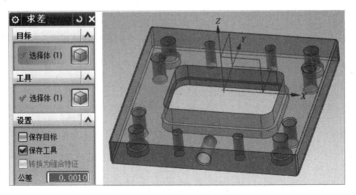

图 4-13　动模板型芯安装框孔

(8) 合理选用型芯与型腔的材料。

作为一名优秀的模具设计工程师，必须要有较强的经济头脑，熟悉本地区的各种模具钢材的市场价格以及各种机床的加工成本。能合理控制模具成本，是一项绝不能忽视的工作技能。

模具材料的选择，在满足需要的前提下，应选用经济适用的，不求最好但求最合适。目前市场上钢材价格在同样的性能、同样的功能下，由于产地的不同往往价格相差很大，国产的钢材比进口的便宜很多。

本例塑件为透明产品，模具材料应选用镜面钢，本副模具材料可选用 5Ni5Ca 预硬化模具钢，它有良好的切削加工性能、淬透性高、强韧性好、镜面抛光性好、有良好的渗氮渗硼性能，预硬化硬度 35～45HRC，镜面抛光表面粗糙度 Ra0.025，适宜中大型注塑模具等（本例模具为学生实训所用，实际模具仅需试模 10 个样品，不需要生产，为更好地节省材料节约成本，学生实习时模具型芯型腔材料可用 45 号钢代替，成型表面粗糙度可适当放宽至 Ra0.4）。

结合上述步骤，请填写成型零件设计表 4-4。

表 4-4　成型零件设计表

塑料 ABS 收缩率		塑件壁厚/mm		
脱模方向		塑件精度等级		
拔模斜度		成型尺寸取值方法		
型芯、型腔材料		模具制造精度		
型腔排位布局				
分型面	位置			
	形状			
	定位			
型腔成型尺寸/mm （3D 模型中量取）	长：	宽：		最深处：
型芯成型尺寸/mm （3D 模型中量取）	长：	宽：		最高处：
动模板中型芯与安装框孔的配合要求	1. 2. 3.			

4.3　浇注系统的设计

 任务内容

完成浇注系统的设计，包括确定进胶的位置、浇口的形式，主流道、分流道、浇口、冷料穴的设计，并使用 NX 软件完成浇注系统各组成部分的 3D 建模。

教学视频 4.3

实训目标

1. 会合理选择进胶位置及浇口形式。
2. 会选用浇口套，能设计分流道、浇口、冷料穴。
3. 能完成浇注系统各组成部分的 3D 建模。

实施步骤

（1）合理地设计浇注系统，能使模具结构简单、工艺操作方便。初学者可以通过经验数据公式计算，实现浇注系统的正确设计。

浇口位置的选择，应避免产生湍流、涡流、喷射和蛇形流动，并有利于排气和补缩；应避免高压塑料直接冲击小型芯或嵌件，容易产生变形和位移；凝料与塑件分离应方便可靠，切口修整方便，不影响外观质量；浇口位置还应考虑塑件的受力方向以及塑件的变形与收缩的方向性。

本例中进浇口位置可设在塑件中心六边形孔口处，采用侧浇口形式。分流道平衡式布置，尽量缩短流程，降低压力损耗，缩短充模时间。主流道采用标准件浇口套形式，其小孔和球面尺寸与注射机参数相配，外面套着的定位圈尺寸也应与注射机定位法兰孔直径相配。浇注系统效果示意图如图 4 - 14 所示。

（2）定位圈的选用，如图 4 - 15 所示。查表 4 - 3 得 HT MA600/150 - A 型注射机定位法兰孔直径为 ϕ100mm，则本例模具定位圈型号选为 ϕ100（GB/T 4169.18—2006），其与定模座板安装孔配合精度 H11/h11，安装孔深 8～10mm。

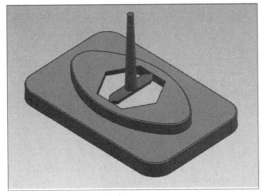

图 4 - 14　浇注系统效果示意图

图 4 - 15　定位圈的选用

（3）主流道的设计，如图 4 - 16 所示。本例主流道采用标准件浇口套，查表 4 - 3 得 HT MA600/150-A 型注射机喷嘴型号 ϕ3-SR10，浇口套中主流道入口直径应比喷嘴直径大 0.5～1mm，浇口套球面半径应比喷嘴球半径大 2～5mm，所以本例选用型号为：浇口套 ϕ10×30（GB/T4169.19—2006），其入口直径为 ϕ3.5mm，球面半径 19mm，与安装孔的配合精度为 H7/m6，其出口端与型腔顶面平齐。

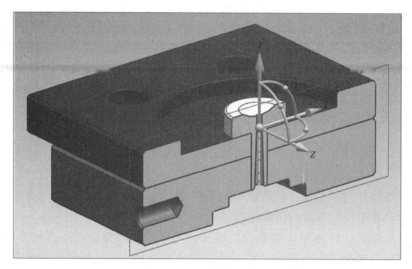

图 4 - 16　主流道的设计

（4）分流道的设计，如图 4 - 17 所示。本例采用侧浇口形式，分流道平衡式布置在塑件中心六边形孔口的碰穿面上，分流道开设在型芯一侧，每条流道长度取 13mm。为方便加工，流道截面形状选用半圆形，其半圆 $R = 0.7Df$，式中 D 可以查阅《塑料模具设计手册》中"分流道直径尺寸曲线"选取。式中 f 可以从"分流道直径尺寸修正系数曲线"选取。

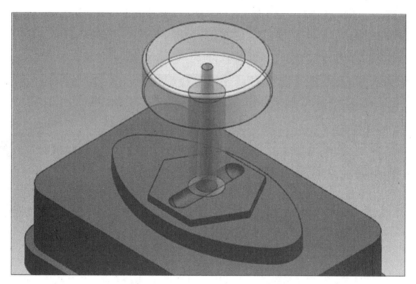

图 4 - 17　分流道的设计

则 $R = 0.7 \times 3.6 \times 1.02 = 2.57mm$，取修正值 $R = 3mm$。

（5）浇口的设计。浇口是分流道与型腔之间的连接部分，是浇注系统设计的关键之处，浇口的位置、类型及尺寸对塑件成型质量影响很大。在塑件质量缺陷中，如缩痕、冲纹、夹水纹、变形、困气等往往与浇口设计不合理有关。因此浇口设计时应注意这样三点：选择浇口的位置，确定浇口的类型，确定浇口的尺寸。

而侧浇口的尺寸可按经验公式计算。

深度：$h = (1/3 \sim 2/3)t$

t—壁厚（mm）。

宽度：$w = (0.6 \sim 0.9)\sqrt{A}/30$（式中括号内的值，塑料流动性越好取值越小，反之越大）

A—塑件在分型面上总投影面积（mm^2）。

长度 L 取值越短所受阻力越小，热量和压力损失越小，一般取 $L = 1$mm 左右为佳。

浇口尺寸的确定也可以查阅《塑料模具设计手册》中"侧浇口有关参数的推荐表"选取。本例侧浇口选取高度＝0.6mm，宽度＝2mm，长度＝0.8mm，如图 4-18 所示。

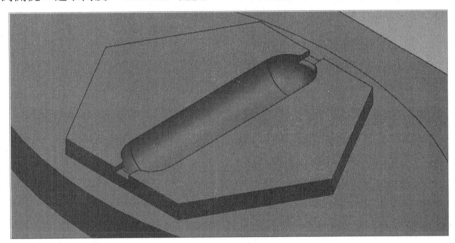

图 4-18　浇口的设计

（6）冷料穴的设计。冷料穴往往开设在主流道或分流道的末端，作用是防止注塑时熔体前端冷料进入型腔。主流道冷料穴可设计为圆柱形，直径为 5～12mm，长度为 5～10mm。本例冷料穴尺寸取 φ6×6mm，如图 4-19 所示。

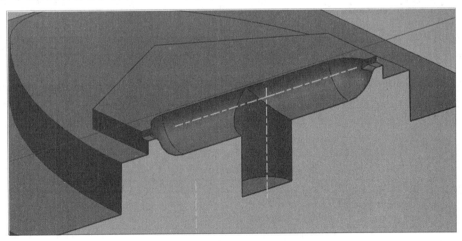

图 4-19　冷料穴的设计

综上所述，浇注系统各组成部分的 3D 效果图如图 4-20 所示。

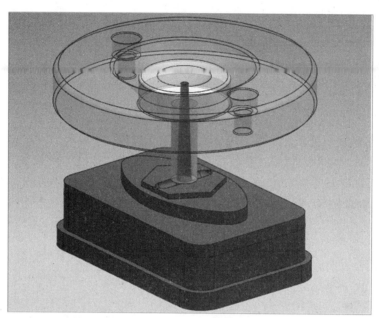

图 4 - 20　浇注系统 3D 效果图

最后请填写浇注系统各组成部分设计的相关数据表 4 - 5。

表 4 - 5　浇注系统设计数据表

定位圈	型号	
	与安装孔配合精度	
	安装孔深度/mm	
浇口套	型号	
	入口直径/mm	
	球面半径/mm	
	与安装孔的配合精度	
分流道	截面形状	
	截面尺寸/mm	
	长度/mm	
浇口	形式	
	截面尺寸/mm	
	长度/mm	
冷料穴	形状	
	截面尺寸/mm	
	长度/mm	

4.4 顶出机构的设计

任务内容

完成顶出机构的设计，并使用 NX 软件完成对模具顶出机构各零件的 3D 建模。

教学视频 4.4

实训目标

1. 会计算模具脱模力。
2. 会设计拉料杆和顶杆的大小及合理布置顶出位置。
3. 能完成顶出机构零件的 3D 建模。

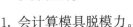

实施步骤

（1）本例塑件形状结构简单，是通孔壳形产品，没有大气阻力，脱模力较小，可采用机械脱模方式，不需要气动或液压脱模。模具的脱模系统由顶出机构和复位机构组成，复位机构零件在任务 4.1 选定模架时已经确定，所以这里的任务重点是设计顶出机构。

顶出机构的设计原则：

1）顶出平稳原则。塑件受力要均匀，不能顶歪、顶白或变形。

2）塑件美观原则。顶杆位置痕迹不得影响产品外观质量，特别是透明件，有时必须和客户一起商量确定。

3）安全可靠原则。顶出机构动作要安全、可靠、灵活，要有足够的强度和耐磨性。

4）方便加工原则。设计顶出零件形状要加工简单方便。

（2）脱模力的计算。

脱模力应大于塑件对型芯的包紧力和黏附力。包紧力与塑件壁厚、形状、收缩率有关，还与型芯表面粗糙度及注塑工艺有关；黏附力与型腔的表面面积大小及其粗糙度有关。脱模力的计算有个近似的计算公式：

$$Q = AP(f\cos a - \sin a) + KS$$

式中，Q——初始脱模力；

A——型芯被包紧部分的面积（cm^2）；

P——由收缩率引起的单位面积上的正压力，一般取 7.8～11.8MPa；

f——摩擦因数，一般取 0.1～0.2；

a——拔模斜度（°）；

K——对于一般塑件和通孔壳形塑件 $K=0$，对于不通孔的壳形塑件 $K=101$kPa；

S——塑件在垂直与脱模方向的投影面积 cm^2。

以上计算为近似值，实际使用时还需修正。

本例模具中，$A=23.46cm^2$（3D 建模中量取），P 取 10MPa$=100$kg/cm^2，则：

$$Q = AP(f\cos a - \sin a) + KS$$
$$= 23.46 \times 100 \times (0.15\cos 1 - \sin 1) + 0$$
$$\approx 311\text{kg} = 0.311\text{T}(\text{吨})$$

（3）顶杆的设计。

顶杆设计时应注意以下几点：

1）布置顶杆的位置时，应有利于排气，应确保塑件被平行顶出。

2）顶杆离塑件边至少 1～2mm，当直径≥6mm 时，可取 2～4mm。

3）顶杆孔与其他孔壁距离至少 2.5mm。

4）顶杆与顶杆导向孔配合精度按 H7/h7，配合长度为 $1.5d \sim 2d$，间隙应小于塑料溢边值，可排气但不能产生飞边。

5）顶杆与顶杆安装孔配合间隙单边可避空 0.25～0.5mm。

6）在斜面或曲面上放置顶杆时，应做好防转并做上标记，避免装错位置。

本例模具中，塑件外形长方形，结构简单，考虑到塑件要受力均匀、平行顶出，可将顶杆位置布置成中心对称，左右各 3 根，中间再加 1 根拉料杆，如图 4-21 所示。

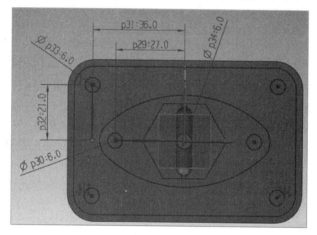

图 4-21　顶杆位置

顶杆直径的计算公式：

$$d = F/\pi t\sigma$$

式中，d——顶杆直径(cm)；

F——每根顶杆的受力(kg)；

t——塑件壁厚(mm)；

σ——塑料的抗剪强度(MPa)(如查不到数据可按屈服强度的 0.5～0.6 倍估算)。

本例模具中，脱模力 311kg 平均分到 6 根顶杆，每根受力：

$$F = 311/6 \approx 52\text{kg}$$

查 ABS 力学性能资料得抗剪强度：$\sigma = 24$MPa，则：

$$d = F/\pi t\sigma = 52/3.1415926 \times 1.91 \times 24$$
$$\approx 0.362\text{cm} = 3.62\text{mm}$$

考虑安全系数 1.2～1.5，修正后顶杆直径取整数 $d=6\mathrm{mm}$。

顶杆长度取值方法：上端面与成型表面平齐，下端面与顶杆固定板下表面平齐，长度数据从 3D 建模中量取，其余数据请查阅顶杆国标 GB/T 4169.1—2006。

最后拉料杆选 Z 形拉料杆，拉料杆直径与冷料穴直径一致为 $\phi6\mathrm{mm}$，拉料杆长度取值：上端面比分流道底面低 0.5～2mm，下端面与顶杆固定板下表面平齐，长度数据从 3D 建模中量取，其余数据可参考顶杆国标。其头部 Z 形拉勾尺寸如图 4-22 所示。

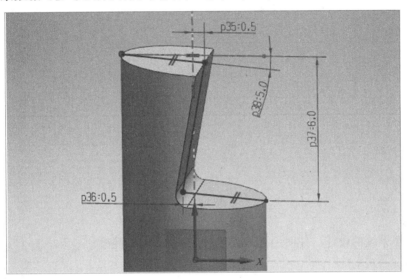

图 4-22　Z 形拉勾尺寸

综合上述步骤，顶出机构设计 3D 效果如图 4-23 所示，最后请把相关数据填入顶出机构设计数据表 4-6 中。

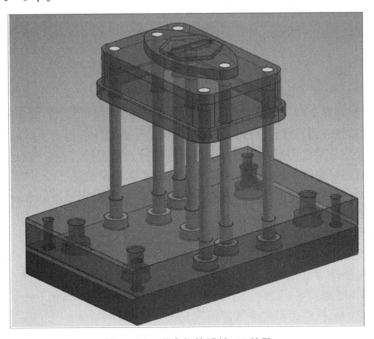

图 4-23　顶出机构设计 3D 效果

表 4-6 顶出机构设计数据表

模具脱模力 Q/T						
平均每根顶杆受力 F/kg						
顶杆与安装孔配合间隙单边避空/mm						
拉料杆与安装孔配合间隙单边避空/mm						
	形状	尺寸/mm	数量	位置/mm	与导向孔配合精度	与导向孔配合长度
顶杆						
拉料杆						

4.5 冷却系统的设计

任务内容

完成冷却系统的设计，并使用 NX 软件对冷却水路 3D 建模。

实训目标

教学视频 4.5

1. 会合理选择模具的冷却形式。
2. 能合理选用冷却水孔直径大小。
3. 能合理布置冷却水路的位置。
4. 能完成冷却水路的 3D 建模。

实施步骤

（1）冷却系统是调节模具温度的系统，其直接关系到塑件产品的质量及生产效率，也是注射模具设计的核心内容之一。冷却系统设计时应注意以下几点：

1）塑件各处尽量温度均衡，不能出现局部过热或过冷现象。

2）冷却水进出口温差不能过大，一般≤5°，精密模具≤2°。

3）型腔、型芯区别对待，型芯温度比型腔稍低。当模具温度要求在≥80°时，模具应有加热装置。

4）冷却水路尽量避免熔接痕、薄壁位置。

5）冷却水流速应保证高速湍流状态（1.0m/s 左右），或更高。

6）一般模具的冷却水孔直径 5mm≤d≤14mm，直径太小冷却效果不佳，太大保持高速湍流状态的成本增加。

7）同一水路的水孔截面积大小尽量相等。

冷却水路的基本形式有多种，本例模具体积较小、结构简单，塑件形状简单、成型容易，可选择直通式冷却水路设计。

（2）直通式冷却水路直径和位置的设计。冷却系统的设计计算较为复杂，而传热学原理和热平衡计算法是较为接近工程应用的近似算法。对于初学者可用经验数据法设计，后续还需按实际情况修正。

冷却管布置以均衡为前提，具体可按下面经验数据选用：

1）水孔壁与型腔壁间距为 $1.5 \sim 3d$，与浇口套孔壁距离 $\geq 10\text{mm}$。

2）水孔之间的间距 $b = 2.5 \sim 4d$。

3）冷却管与流道的距离为 $\geq 10\text{mm}$（小型模具）或 $\geq 15\text{mm}$（大中型模具）。

4）冷却管与其他孔壁间距一般 $\geq 4\text{mm}$，特殊情况最小不得 2.5mm。

5）水孔直径可在《注塑模具设计手册》中按模具大小、脱模力大小、塑件壁厚等查阅经验数据表确定。

本例模具水孔直径可选为 $\phi 5\text{mm}$，具体位置尺寸如图 $4 - 24$ 所示。

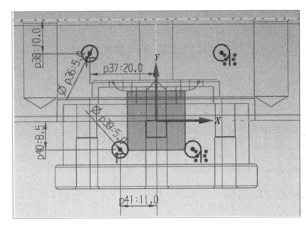

图 4 - 24　冷却水路的设计

冷却系统设计 3D 效果如图 $4 - 25$ 所示，最后请把水路设计的相关数据填入表 $4 - 7$ 中。

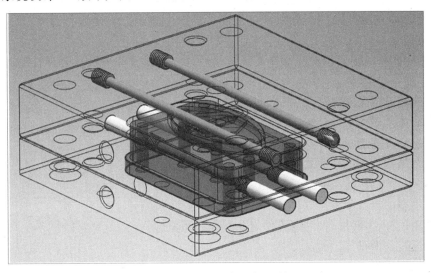

图 4 - 25　冷却系统设计 3D 效果

表 4-7　冷却系统设计数据表

		形式	尺寸/mm	数量	位置/mm
小孔	型腔				
	型芯				
水嘴安装过孔	动模板				
水嘴	型腔				
	型芯				

4.6　排气系统的设计

 任务内容

完成排气系统的设计，并使用 NX 软件对排气系统 3D 建模。

教学视频 4.6

 实训目标

1. 会合理选用模具的排气方法。
2. 能合理选择需要排气的位置。
3. 会计算排气槽的截面尺寸。
4. 能完成排气系统的 3D 建模。

实施步骤

（1）模具流道内、型腔内本身有空气，还有塑料熔体产生的分解气体与水蒸气。这些气体都应及时地排出型腔内，否则将对塑件质量产生流痕、熔接痕、银丝、气泡、欠注、局部烧焦或碳化等缺陷。

对于透明塑件就更要特别注意排气系统的设计，而排气位置往往开设在型腔内容易困气的部位，如：

1）熔体流动的末端。

2）多股流动熔体汇合处。

3）型腔盲孔底部。

4）复杂结构型腔的死角处。

（2）选用排气方式。注塑模具排气方式有多种，如：

1）利用型面本身间隙排气。

2）利用顶杆、镶件、抽芯等零件与孔配合的间隙排气。

3）开设排气槽排气。

4）用气阀排气。

5）透气钢做镶件排气。

本例模具型腔结构简单，熔体进料在塑件顶部孔位，型腔排气容易，没有明显困气部位。初步判定本例模具的排气靠分型面间隙排气、顶杆与孔之间配合间隙排气应该可以。最后还应根据试模实际情况适当调整，如果发现有排气不良，可加设排气槽排气。

（3）排气槽的设计。排气槽的设计应注意这三点：确定排气位置，计算一级排气槽尺寸，选用二级排气槽大小。

本例模具排气位置可选在分型面的型腔一侧，两条熔体交汇处。一级排气槽的深度 H 一般小于溢边值，具体值可查阅《注塑模具设计手册》中各种塑料的排气槽深度表，槽的长度不宜太长，一般为 3~4mm，槽的宽度 B 一般取 2~6mm（优先取 3~5mm），宽度精确数据可安排气槽的截面积计算公式得到：

$$A = 0.004\,94\sqrt{293/T} \times V/t$$

式中，A——排气槽的截面积（mm^2）；

$\quad\quad T$——塑料材料的分解温度；（k，0℃≈273K）；

$\quad\quad V$——包括浇注系统的型腔体积（cm^3）；

$\quad\quad t$——注射充模时间（s）。

二级排气槽深度可取 0.5~1mm，宽度比一级排气槽宽 3~5mm。

本例模具的一级排气槽截面积计算：

因为 $V=18cm^3$（任务 4.1 中的计算结果），$T=250°=250+273=523K$（任务 4.1 中的结果），$t=1s$（查阅设计手册中公称注射量与注射时间关系表），所以：

$$A = 0.004\,94\sqrt{293/T} \times V/t = 0.004\,94\sqrt{293/523} \times 18/1$$
$$= 0.066\,6mm^2$$

又因为槽深度 $H=0.03mm$（查手册 ABS 塑料的排气槽深度），所以槽宽度：

$$B = A/H = 0.0666/0.03 = 2.22mm$$

而排气槽有左右两条，所以每条槽宽修正 $B=3mm$。排气系统设计 3D 效果如图 4-26 所示，并把相关数据填入排气系统设计数据表 4-8 中。

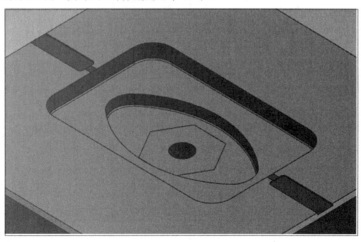

图 4-26　排气系统设计 3D 效果

表 4 - 8　排气系统设计数据表

排气方式					
排气槽位置			数量		
一极排气槽	深度 mm		二级排气槽	深度 mm	
	宽度 mm			宽度 mm	
	长度 mm			长度 mm	

最后，本次任务模具设计 3D 建模总体效果如图 4 - 27 所示。

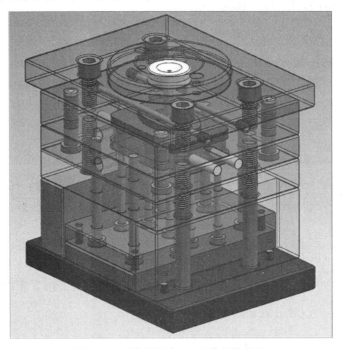

图 4 - 27　模具设计 3D 建模总体效果

 每课寄语

　　模具标准化是提高模具制造质量、提高生产率、缩短模具制造周期和降低生产成本的根本途径，是开展模具计算机辅助设计和辅助制造的先决条件，且有利于促进国家间的技术交流与合作，有利于模具扩大出口创汇。因此同学们在模具设计与制造的过程中，要查阅相关的国家标准，要尽可能地采用标准件。让标准化的意识深入心底，让标准化的行为变成习惯，让自己成为推进我国模具标准化进程的一分子吧。

 任务评价

表 4-9　模具设计 3D 建模评分表

学校:		实习班级:		
学生组号:		学生姓名:		

评分项目	评分要素		分值	评分标准	得分
ABS 工程塑料基本资料	表中数据是否正确合理		10	每错、漏 1 处扣 1 分,扣完为止	
模架主要零件数据表			8		
注塑机主要技术参数表			18		
成型零件设计数据表	表中数据是否正确合理	3D 造型的形状和位置是否准确	21+9		
浇注系统设计数据表			16+7		
顶出机构设计数据表			17+5		
冷却系统设计数据表			20+6		
排气系统设计数据表			9+4		
合计配分			150	合计得分	

任务 **5**

绘制成型零件 2D 工程图

 任务内容

根据任务 4 完成的模具设计 3D 建模，利用每个成型零件的 3D 建模导出零件加工的工程图纸，以 PDF 格式保存。

教学视频 5

 实训目标

1. 能正确表达成型零件 2D 工程图。
2. 能熟练标注成型零件尺寸及公差。
3. 会查阅资料，能确定成型零件形位公差及表面粗糙度值。
4. 能合理地写出成型零件的技术要求。

实施步骤

（1）打开任务 4 完成的模具设计 3D 建模文件 SX01_MJ3D. prt，选择定模板，导出型腔文件 XQ. prt，如图 5-1 所示。

（2）绘制型腔零件 2D 工程图。打开型腔 3D 建模文件 XQ. prt，进入制图功能模块，创建合适的型腔表达视图，如图 5-2 所示。在能够充分清晰地表达零件形状结构前提下，应选用尽可能少的视图数量。

（3）标注尺寸、形位公差及表面粗糙度。

1）型腔成形面特征。尺寸可只标注长、宽、高外形尺寸及工艺尺寸，其余尺寸可由型腔 3D 模型中量取，成型尺寸公差取塑件精度的 1/4～1/5，其余主要尺寸可取 IT6～IT7 精度，成型表面粗糙度值 Ra0.4，型腔底平面与定模板基准面有平行度公差要求为 0.02mm。

2）排气槽尺寸及公差。一级排气槽的深度尺寸公差为 ±0.005mm，底面表面粗糙度值 Ra0.8，排气槽其余尺寸公差为自由公差。

3）浇口套孔尺寸精度 H7，表面粗糙度值 Ra1.6，孔轴线与定模板基准面有垂直度公差要求 ϕ0.02mm。

4）冷却水孔的形状位置尺寸，公差为自由公差。

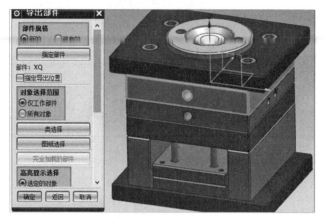

图 5 - 1　导出型腔文件 XQ. prt

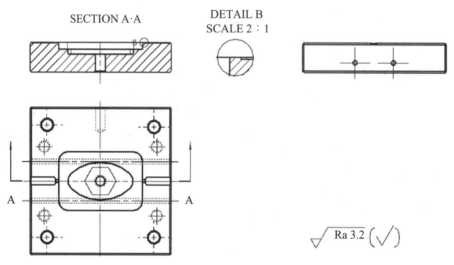

图 5 - 2　创建合适的型腔表达视图

（4）写出型腔零件的技术要求：

1）材料 5Ni5Ca 镜面钢，预硬化 35～38HRC。

2）型腔拔模斜度为 1°。

3）成型表面镜面抛光，粗糙度 Ra0.4，不允许有划痕、压伤、锈蚀等缺陷。

4）详细尺寸可从 3D 模型中量取。

5）未注公差按 GB/T 1800.1—2009 中 IT12 级精度选取。

6）未注形状位置公差应符合 GB/T 1184—1996 中 H 的规定。

7）成型面和分型面的交接边缘及成型面上的孔口不允许倒角或倒圆，其余去毛刺、倒角。

（5）在标题栏内填写名称、比例、数量、材料、图号等内容，保存后导出 "XQ. pdf" 文件，如图 5 - 3 所示。

（6）重复上述过程，绘制型芯零件工程图，导出 "XX. pdf" 文件，如图 5 - 4 所示。绘制动模板零件工程图，导出 "DMB. pdf" 文件，如图 5 - 5 所示。

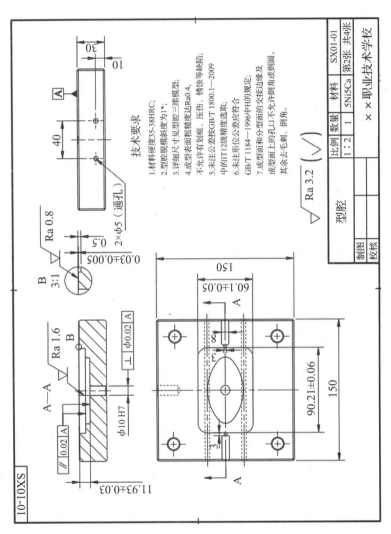

图 5－3　型腔 2D 工程图

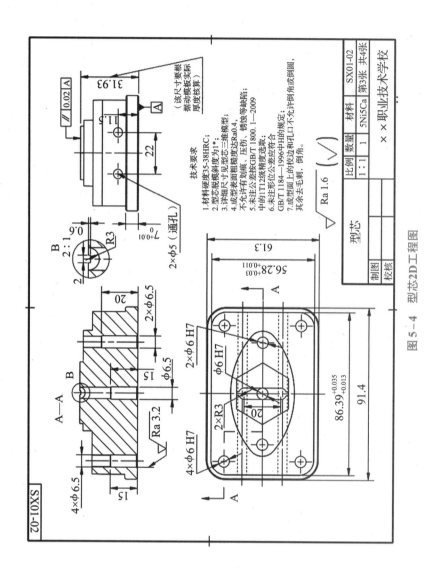

图 5 - 4 型芯 2D 工程图

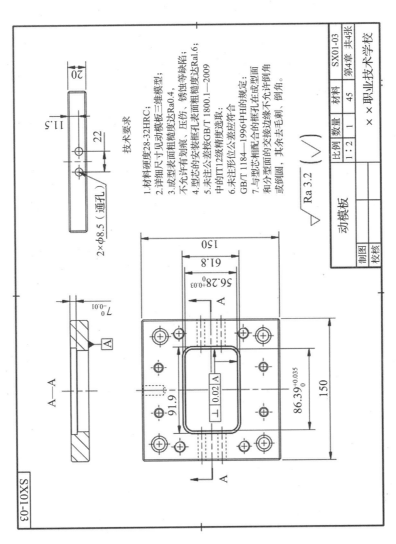

技术要求

1. 材料硬度28-32HRC;
2. 详细尺寸见动模板三维模型;
3. 成型表面粗糙度达Ra0.4,
不允许有划痕、压伤、锈蚀等缺陷;
4. 型芯的安装框孔表面粗糙度达Ra1.6;
5. 未注公差按GB/T 1800.1—2009
中的IT12级精度选取;
6. 未注形位公差应符合
GB/T 1184—1996中H的规定;
7. 与型芯相配合的框孔的交接边缘不允许倒角
和分型面的交接边缘不允许倒角,
或倒圆、倒角,其余去毛刺。

$\sqrt{\overline{\text{Ra 3.2}}}\ (\sqrt{\ })$

	比例	数量	材料		SX01-03
动模板	1:2	1	45		第4章 共4张
制图				× ×职业技术学校	
校核					

图5-5 动模板2D工程图

SX01-03

每课寄语

在模具精密加工与精密检测领域，以前欧美国家和日本始终走在前列，我们一直在学习引进，奋起直追；现在，我国在模具精密加工与精密检测方面已经达到世界一流水平。同学们应培养奋发图强、砥砺前行的意志品格，在模具实习与工作中多使用国产设备，多选用国产材料，为支持国货、提高我国制造业整体水平贡献力量。

任务评价

表 5-1　成型零件 2D 工程图评分表

学校：			实习班级：		
学生组号：			学生姓名：		
评分项目	评分要素	分值	评分标准		得分
型腔零件	1. 视图表达是否合理：视图选择 2 分、布局 2 分、线型 2 分、线宽 2 分，共 8 分；	38	每错、漏 1 处扣 1 分，扣完为止		
型芯零件	2. 标注是否齐全：尺寸及公差 12 分、轴线与基准 3 分、几何公差 2 分、表面精度 3 分，共 20 分（动模板此项 6 分）；	38			
动模板	3. 技术要求是否合理　5 分； 4. 标题栏内容是否齐全　5 分	24			
合计配分		100	合计得分		

任务 6
确定模具加工方案并填写各项清单

 任务内容

　　根据学校模具制作实训室和数控加工实训室的设备条件，确定模架加工方案和模具成型零件的加工方案，并填写模具材料清单和加工所需要的刀具清单及工量具准备清单。

教学视频 6

 实训目标

　　1. 能填写模具所需的零件和材料清单。
　　2. 能合理选用模架加工方案。
　　3. 会合理选择成型零件加工工艺。
　　4. 能填写模具加工所需的刀具清单及工量具准备清单。

 实施步骤

　　（1）根据任务书提供的模具结构图和任务 4 所完成的模具 3D 模型，填写模具制作所需的零件和材料清单，见表 6-1。零件尺寸可以从 3D 模型中量取。

表 6-1　模具零件和材料清单

学校：		实习班级：			
学生组号：		学生姓名：			
模具名称：		日期：			
名称	尺寸	坯料学生自检尺寸	材料	数量	备注
定模座板					
定模板					
动模板					
支承板					

续表

名称	尺寸	坯料学生自检尺寸	材料	数量	备注
垫块					
推杆固定板					
推板					
动模座板					
型芯					
导柱					
导套					
推杆					
拉料杆					
复位杆					
浇口套					
冷却水嘴					
螺钉					
定位圈					
学生订单自检	（组长签名）	老师订单审核		（老师签名）	
学生坯料自检	（组长签名）	老师坯料审核		（老师签名）	

（2）根据学校模具制作实训室设备条件，按模架的制作流程，给每块模板中所要加工的内容，制订出合理的加工方案及写出所要用到的工量刀具，并填入模架加工方案表，见表6-2、表6-3。（为降低坯料采购成本，同时保证模具的定位精度，我们把导柱孔与导柱安装孔加工安排在成型零件数铣加工时一起完成。）

表6-2　模架定模部分加工方案表

学校：		实习班级：	
学生组号：		学生姓名：	
模具名称：		日期：	

步骤	加工内容	加工方法	工、量、刀具
1	准备工作		
2	加工定模座板上的螺钉间隙孔 		

续表

步骤	加工内容	加工方法	工、量、刀具
3	加工定模板上的螺纹孔		
4	装配定模部分		

表 6-3　模架动模部分加工方案表

学校：		实习班级：	
学生组号：		学生姓名：	
模具名称：		日期	

步骤	加工内容	加工方法	工、量、刀具
1	加工动模座板上的螺钉间隙孔		
2	加工垫块上的螺纹孔 和螺钉间隙孔		
3	加工支承板上的螺钉间隙孔		
4	加工动模板上的螺纹孔		
5	加工推板上的螺钉间隙孔		

续表

步骤	加工内容	加工方法	工、量、刀具
6	加工推杆固定板上的螺纹孔和复位杆安装孔		
7	加工支承板上的复位杆过孔		
8	加工动模板上的复位杆孔		
9	装配动模部分		

（3）根据学校模具制作数控加工实训室的设备条件，给型腔、型芯、动模板制订出合理的加工方案；以工序为单位，确定工件加工合理的工序步骤，并填写工件机械加工工艺过程卡，见表6-4～表6-6。

表6-4　型腔加工工艺过程卡

学校：		实习班级：	
学生组号：		学生姓名：	
模具名称：		日期：	

序号	工序内容	刀具、夹具及设备	技术文件
1			
2			
3			
4			
5			
6			
7			
8			
9			
10			
11			

表 6 - 5　型芯加工工艺过程卡

学校：		实习班级：	
学生组号：		学生姓名：	
模具名称：		日期：	
序号	工序内容	刀具、夹具及设备	技术文件
1			
2			
3			
4			
5			
6			
7			
8			
9			
10			
11			

表 6 - 6　动模板加工工艺过程卡

学校：		实习班级：	
学生组号：		学生姓名：	
模具名称：		日期：	
序号	工序内容	刀具、夹具及设备	技术文件
1			
2			
3			
4			
5			
6			
7			
8			

（4）根据上述模具加工方案及加工工艺卡内容，填写模具加工刀具清单，见表6-7。

表6-7　模具加工刀具清单

学校：		实习班级：	
学生组号：		学生姓名：	
模具名称：		日期：	
名　称	规　格	数量	备　注
钻头			
沉孔刀			
机用铰刀			
丝锥			
铣刀			
定心钻			
学生清单自检	（组长签名）	老师清单检验	（老师签名）
学生刀具自检	（组长签名）	老师刀具检验	（老师签名）

（5）根据上述模具加工方案及加工工艺卡内容，填写模具加工工量具准备清单，见表6-8。

表 6-8　模具加工工量具准备清单

学校：				实习班级：	
学生组号：				学生姓名：	
模具名称：				日期：	
序号	名称	规格	精度	数量/工位	备注
1					
2					
3					
4					
5					
6					
7					
8					
9					
10					
11					
12					
13					
14					
15					
16					
17					
18					
19					
20					
21					
22					
23					
24					
25					
26					
27					
28					
29					
30					

 每课寄语

　　在进行模具设计与制作时，既要考虑企业自身情况，又要考虑客户需求，尽可能地满足客户售前要求并做好售后服务。同学们在模具设计与制造的实习过程中，要注意培养服务意识，让自己设计的模具在保证质量及使用寿命的前提下，尽可能地降低成本，缩短制作周期。

任务评价

表 6 - 9　确定模具加工方案并填写各项清单评分表

学校：			实习班级：		
学生组号：			学生姓名：		
评分项目	评分要素	分值	评分标准		得分
1. 模具零件和材料清单	填写数据正确合理	10	每错、漏 1 处扣 0.5 分，扣完为止		
2. 模架定模部分加工方案	1. 加工方法正确合理； 2. 工、量、刀具填写合理正确	10	1. 加工方法每错 1 格扣 1.5 分； 2. 工、量、刀具每错、漏 1 个扣 0.5 分； 3. 扣完为止		
3. 模架动模部分加工方案		15			
4. 型腔加工工艺过程卡	1. 工序内容安排正确合理； 2. 刀具、夹具及设备填写正确合理	15	1. 工序内容每错 1 格扣 1 分； 2. 刀具、夹具及设备每错、漏 1 个扣 0.5 分； 3. 扣完为止		
5. 型芯加工工艺过程卡		15			
6. 动模板加工工艺过程卡		15			
7. 模具加工刀具清单	填写内容正确合理	10	每错、漏 1 处扣 0.5 分，扣完为止		
8. 模具加工工量具准备清单		10			
合计配分		100	合计得分		

模具加工

模架加工及装配

依据任务 2 完成的模架结构和任务 3 完成的模板零件 2D 工程图纸，按照任务 6 确定的模架加工方案，完成 A1515-30X20X60 型模架的加工以及装配。

7.1 模架加工前的准备工作

 任务内容

根据材料清单与刀具清单，领取模具材料与刀具，做好模架加工前的准备工作，包括清洗、检查毛坯尺寸、倒角、去毛刺、敲钢印等。

教学视频 7.1

 实训目标

1. 会根据材料清单与刀具清单，正确领取模具材料与刀具。
2. 能说出模具零配件名称和作用，识别刀具的类别和型号。
3. 能检验模具毛坯及零配件的尺寸并判断其是否合格。
4. 能根据模架结构对每块模板坯料作相应的基准记号。

 实施步骤

（1）根据任务 6 完成的模具材料清单与刀具清单，去仓库领取模具材料与刀具，并和清单中数据一一清点，如图 7-1 所示。

（2）检验模具材料毛坯及零配件的尺寸，检查无误后，在清单上签字，如有误请及时与指导老师联系去仓库更换。

（3）对模板毛坯材料 C1～C2 倒角去毛刺，并按任务 2 完成的模架结构顺序排列整齐，

在每块模板基准面一侧打上钢印序号（编号可由指导老师指定），如图 7 - 2 所示。

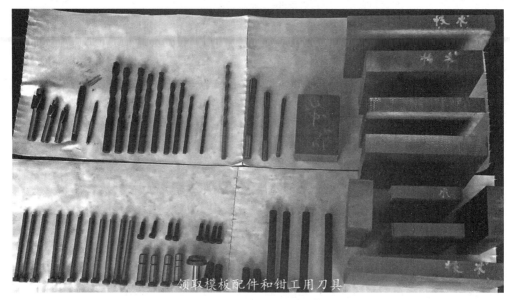

图 7 - 1　模具材料毛坯、零配件及刀具

图 7 - 2　在模板基准面同一侧敲钢印

7.2　模架定模部分加工及装配

 任务内容

依据定模座板、定模板的 2D 工程图和模架 3D 结构模型，按照模架定模部分加工方案完成模架定模部分的加工及装配。

 实训目标

1. 会根据模板的 2D 工程图，对模板中孔位置画线、打样冲眼。

教学视频 7.2

2. 会根据孔的类别和大小正确、合理地选择钻头的类型和尺寸，并能熟练地在钻床上完成通孔、盲孔、沉孔的加工。

3. 会根据螺纹孔的大小，正确、合理地选择丝锥，并能熟练地攻出合格的螺纹孔。

4. 会合理安排加工工艺来保证不同模板之间的相应装配孔位置的同轴度。

5. 会根据模架 3D 结构模型，完成模架定模部分的装配。

 实施步骤

（1）定模座板钳工画线，如图 7 - 3 所示。按照图号为"MJ-01"图纸尺寸，使用高度游标卡尺画出 4 个 M12 螺钉间隙孔的中心线，然后打样冲眼。

图 7 - 3   定模座板钳工画线

（2）定模座板钻螺钉间隙孔，如图 7 - 4 所示。先用 $\phi5.1$ 小钻头点孔，再用 $\phi12.5$ 的钻头在钻床上钻螺钉间隙孔。注意操作安全，转速要慢，模板要用精密平口钳装夹或利用其他安全防转措施，并加适量的冷却液。

图 7 - 4   定模座板钻螺钉间隙孔

（3）定模座板钻螺钉沉头孔，如图 7 - 5 所示。在钻床上用 M12 12.4×20.5 沉头刀钻孔，转速调到最低挡，加适量冷却液。注意沉头孔位置不能打在模板反面（可看钢印字方向是否倒放），沉孔深度应比螺钉头部高度值大 0.5～1mm。

图 7-5　定模座板钻螺钉沉头孔

（4）定模板与定模座板用 502 胶水粘合一起，如图 7-6 所示。定模板与定模座板按模架结构顺序叠放，注意中心线对齐，钢印号对正，两边测量边距都为 20mm，最后两边都粘上 502 胶水。

图 7-6　502 粘合定模板与定模座板

（5）定模板加工螺纹孔，如图 7-7 所示。用 ϕ12.5 钻头引出定模板螺纹孔位置，点孔深度为 2～3mm，然后用 ϕ10.3 钻头钻螺纹底孔，深度为 25mm，再用 M12 丝锥攻出 M12 螺纹孔，深度为 20mm。

（6）装配定模部分，如图 7-8 所示。定模板与定模座板按钢印编号顺序对齐叠放，用内六角扳手拧紧 4 个 M12×20 螺钉连接固定。

图 7-7 定模板加工螺纹孔

图 7-8 装配定模部分

7.3 模架动模部分加工及装配

 任务内容

依据模架动模部分各模板的 2D 工程图和模架 3D 结构模型,按照模架动模部分加工方案完成模架动模部分的加工及装配。

教学视频 7.3

 实训目标

1. 会根据模板的 2D 工程图,对模板中孔位置画线、打样冲眼。

2. 会根据孔的类别和大小正确、合理地选择钻头及铰刀的类型和尺寸,并熟练完成通孔、盲孔、扩孔、铰孔、沉孔的加工。

3. 会根据螺纹孔的大小,正确合理地选择丝锥,并能熟练地攻出合格的螺纹孔。

4. 会合理安排加工工艺来保证不同模板之间的相应装配孔位置的同轴度。

5. 会根据模架 3D 结构模型，完成模架动模部分的装配。

6. 遵守模具制作车间"7S"管理。

实施步骤

（1）加工动模座板螺钉间隙孔和沉头孔，如图 7 - 9 所示。

1）按照图号为"MJ-08"的图样要求，画孔中心线，敲样冲眼。

2）分别用 φ12.5 和 φ6.5 的钻头各钻 4 个通孔。

3）分别用 M12 12.4×20.5 和 M6 6.2×11 的沉孔刀钻对应螺钉间隙孔的沉头孔（注意沉头孔位置正反面别打错），孔深度应比各自对应的螺钉头部高度值大 0.5～1mm。

图 7 - 9 加工动模座板螺钉间隙孔和沉头孔

（2）加工 2 个垫块上的螺纹孔和螺钉间隙孔。

1）动模座板、推板、垫块、支承板按模具结构图要求叠放，方向对齐，推板两侧各留 2mm 间隙，粘 502 胶水，如图 7 - 10 所示。

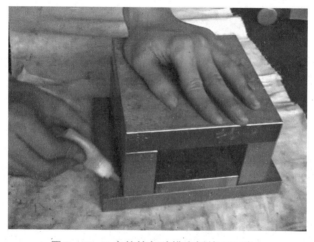

图 7 - 10 2 个垫块与动模座板粘 502 胶水

2）对 2 个垫块引孔，深度为 2mm，拆开垫块和动模座板，清理胶水。

3）用 φ12.5 钻头钻 4 个通孔，用 φ5.1 的钻头钻 4 个螺纹底孔，深度为 20mm。

4）用 M6 丝锥攻 4 个 M6 螺纹孔，深度 15mm，如图 7-11 所示。

图 7-11 用 M6 丝锥攻 4 个 M6 螺纹孔

（3）加工支承板上的螺钉间隙孔。

1）用 4 个 M6×20 螺钉把动模座板和 2 个垫块组装在一起，然后与支承板叠放，注意钢印方向一致，粘 502 胶水，如图 7-12 所示。

图 7-12 动模座板、垫块与支承板叠放粘 502 胶水

2）用 φ12.5 钻头引 4 个孔，深度为 2mm，拆卸支承板和垫块，清理胶水。

3）用 φ12.5 钻头钻 4 个 M12 螺钉间隙孔，注意合理选用转速与冷却液，倒角、清理，完成后如图 7-13 所示。

（4）加工动模板上的螺纹孔。

1）支承板和动模板叠放，注意钢印方向一致，粘 502 胶水，如图 7-14 所示。

2）用 φ12.5 钻头引 4 个孔，深度为 2mm，拆卸支承板和动模板，清理胶水。

图 7-13　支承板上的螺钉间隙孔

图 7-14　动模板与支承板叠放粘 502 胶水

3）用 φ10.3 钻头钻 4 个 M12 螺纹底孔，深度为通孔。

4）用 M12 丝锥攻 4 个 M12 螺纹通孔，如图 7-15 所示。

图 7-15　动模板上攻 4 个 M12 螺纹孔

（5）加工推板上的螺钉间隙孔。按照图号为"MJ-07"的图样要求画线，先用 ϕ6.5 钻头钻 4 个 M6 螺钉间隙孔，再用 M6 6.2×11 沉孔刀钻 4 个沉头孔，深度为 6.5～7mm，如图 7-16 所示。

图 7-16　加工推板上的螺钉间隙孔

（6）加工推杆固定板上的螺纹孔和复位杆安装孔。

1）推板和推杆固定板叠放，钢印方向一致，粘 502 胶水，如图 7-17 所示。

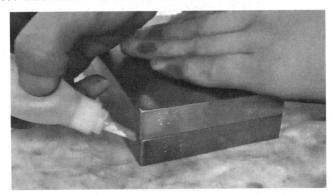

图 7-17　推板与推杆固定板叠放粘 502 胶水

2）引出孔位，用 ϕ5.1 钻头钻 4 个 M6 螺纹底孔，深度为通孔。

3）用 M6 丝锥攻 4 个 M6 螺纹通孔。

4）按照图号为"MJ-06"的图样要求画线，敲样冲眼。

5）用 ϕ8.5 钻头钻 4 个 ϕ8 复位杆安装孔，深度为通孔。

6）再用 M8 8.2×14 的沉孔刀钻安装复位杆的沉头孔（注意沉头孔位置正反面别打错），孔深度与对应的复位杆台阶等高，完成后如图 7-18 所示。

（7）加工支承板上的复位杆过孔。

1）将动模板、支承板、垫块和动模座板按模具结构图要求，钢印方向一致，用 4 个 M12×108 与 4 个 M6×20 螺钉连接固定。

2）将推杆固定板置于两垫块中间，钢印方向一致，两侧各留 2mm 间隙，粘 502 胶水，如图 7-19 所示。

3）拆掉 4 个 M12 螺钉后，用 ϕ8.5 钻头对支承板引孔，然后再钻 4 个 ϕ8.5 复位杆过孔，如图 7-20 所示。

图 7－18　推杆固定板螺纹孔和复位杆安装孔

图 7－19　推杆固定板与支承板粘 502 脱水

图 7－20　加工支承板中复位杆过孔

（8）加工动模板上的复位杆孔。

1）将动模板、支承板、垫块和动模座板按模具结构图要求，钢印方向一致，用 4 个 M12×108 与 4 个 M6×20 螺钉连接固定，再用 502 胶水将支承板与动模板粘在一起，如图 7-21 所示。

图 7-21　支承板与动模板粘 502 胶水

2）拆掉 4 个 M12 螺钉后，用 φ8.5 钻头对动模板引孔，然后再用 φ7.8 钻头钻 4 个通孔。

3）用 φ8 铰刀铰削 4 个复位杆孔，如图 7-22 所示。

图 7-22　铰削动模板上复位杆孔

（9）装配动模部分。按模具结构图要求，钢印方向一致，中心对齐后，用 4 个 M12×108 与 4 个 M6×20 螺钉组装动模部分，复位杆上端面应与动模板上表面平齐，如图 7-23 所示。

（10）将模架定模部分与动模部分叠放，如图 7-24 所示。

图 7 - 23　装配动模部分

图 7 - 24　定模部分与动模部分叠放在一起

 每课寄语

　　良好的习惯可以让我们在做事情时有条不紊，达到高效率、少犯错的效果，甚至能事半功倍。习惯不是一天就可以养成的，需要积累，需要循序渐进和持之以恒。同学们在实习过程中应养成工量刀具分类有序摆放、物品取用后放归原位的良好习惯。

任务评价

表 7-1 模架加工及装配评分表

学校:			实习班级:		
学生组号:			学生姓名:		
评分项目	评分要素	分值	评分标准		得分
1. 模架加工前准备	材料清单中学生自检尺寸应正确填写	9	每错、漏 1 处扣 1 分，扣完为止		
	各模板棱边应倒角	7	每有 1 边没倒角，扣 0.5 分，扣完为止		
	基准标记（钢印）应在同一侧面，标记顺序号应正确	9	每出现 1 处不合要求，扣 1 分，扣完为止		
2. 模架加工	1. 各孔中心位置应正确； 2. 各孔尺寸大小应正确	25	每出现 1 处不合要求，扣 1 分，扣完为止		
3. 模架装配	1. 模架应能成功组装； 2. 模架各模板的基准面应一致，应有正确清晰的基准标记； 3. 模架表面不应有毛刺、擦伤、压痕、裂纹、锈斑； 4. 螺钉连接应紧固可靠； 5. 螺钉安装头部不得高出模板面； 6. 复位杆紧固部位应牢固可靠，不应有轴向窜动； 7. 模架应有合理的吊装用螺孔； 8. 复位机构沿顶出方向往复移动应平稳、无卡滞（3 分）； 9. 模架在水平自重条件下，其分型面的贴合间隙不应大于 0.03mm（3 分）； 10. 模架在水平自重条件下，定模座板与动模座板的安装平面的平行度不应大于 0.06mm（4 分）	40	1. 模架最终不能装配成功，该评分项目整体赋值 0 分，其余要素不再评分； 2. 评分要素 2~7，每出现 1 处不合要求，扣 1 分，扣完为止； 3. 评分要素 8~10，不满足要求，不得分		
4. 安全文明生产	1. 每次实训应按规定穿戴劳保用品； 2. 每次钻床转速合理设置，防护罩应安装好； 3. 操作过程中遵守安全文明生产，无安全隐患； 4. 每次实训完成后应清理工位，工、量、刀具应归位	10 分	1. 每出现 1 次不合规定行为扣 1 分，扣完为止； 2. 每出现一次安全事故扣 2~5 分		
合计配分		100	合计得分		

任务 8
型腔的数控编程及填写型腔数控加工工序卡

教学视频 8

任务内容

使用 NX 软件 CAM 加工功能模块，利用任务 4 设计的型腔 3D 数字模型，完成型腔数控加工刀路的编制，后处理生成 G 代码程序文件，文档保存到相应的文件夹内，并填写型腔数控加工工序卡。

实训目标

1. 会合理安排型腔数控加工工序。
2. 会合理选择型腔加工的刀具与刀路。
3. 会合理选用型腔加工的切削用量。
4. 会后处理生成 G 代码程序。
5. 能填写型腔数控加工工序卡。

实施步骤

（1）用 NX 打开型腔数据模型文件 XQ. prt，进入数控加工模块，设置通用加工配置、铣削轮廓（型腔铣）加工环境，如图 8-1 所示。

（2）设置型腔铣削加工坐标系 MCS，设型腔分型面中心为坐标原点，X 轴正方向跟模型原方向一致，Z 轴正方向为分型面法线方向（即跟原模型 Z 轴反向），安全高度设为 10mm，如图 8-2 所示。

（3）重命名工件名称为"XQ"，指定型腔为加工部件，指定毛坯为包容块，如图 8-3 所示。

（4）创建刀具。在 drill（孔加工）类型中创建 $\phi 6$ 定心钻、$\phi 9.7$ 钻头、$\phi 11.7$ 钻头、$\phi 12$ 铰刀，在 mill_contour（铣削轮廓）类型中创建 $\phi 6R0.5$ 牛鼻刀、$\phi 8$ 立铣刀，如图 8-4 所示。

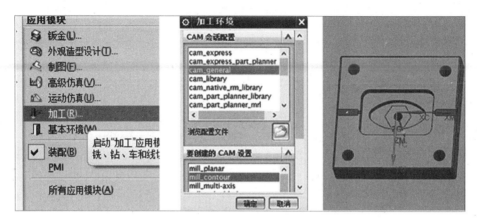

图 8-1　设置型腔铣数控加工环境

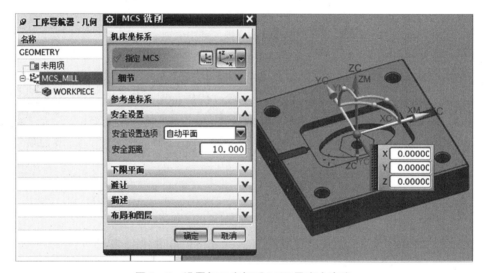

图 8-2　设置加工坐标系 MCS 及安全高度

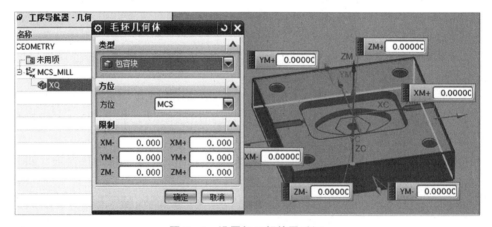

图 8-3　设置加工部件及毛坯

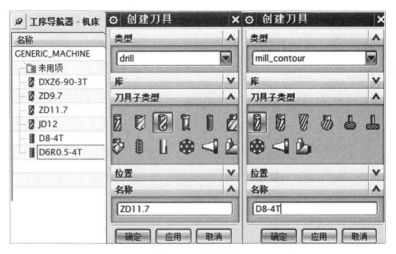

图 8-4　创建刀具

（5）创建点孔工序，如图 8-5 所示。

1）工序类型"drill"→子类型"定心钻"→刀具"DXZ6 - 90 - 3T"→几何体"XQ"→工序名称"DK"。

2）确定后在"定心钻"页面设置：指定孔选择"5 个孔中心位置"→指定顶面选择"分型面为孔顶面"→循环类型默认"标准钻"→编辑参数"刀尖深度 2mm"→安全距离"3mm"。

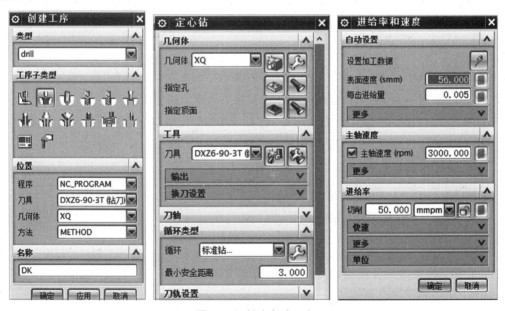

图 8-5　创建点孔工序

3）刀轨设置的进给率和速度页面中：设主轴转速"3000r/m"→进给率"50mm/m"。生成刀轨后，3D 动态仿真检查刀轨，如图 8-6 所示。

（6）创建钻浇口套孔工序，如图 8-7 所示。

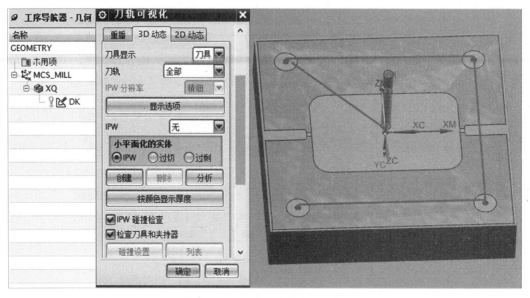

图 8-6　3D 动态仿真检查刀轨

图 8-7　创建钻浇口套孔工序

1）创建工序页面：工序类型"drill"→子类型"断屑钻"→刀具"ZD9.7"→几何体"XQ"→工序名称"ZK9.7"。

2）断屑钻页面设置：指定孔选择"浇口套孔中心位置"→指定顶面选择"分型面"→指定底面选择"定模板底面"→循环类型选择"断屑"→编辑参数"回退距离设0.1mm"→深度选择"穿过底面"→增量选为"恒定1mm"→最小安全距离设"3mm"→深度偏置通孔安全距离设"1.5mm"。

3）刀轨设置的进给率和速度页面：设主轴转速"1000r/m"→进给率"200mm/m"。

4) 生成刀轨后, 3D 动态仿真加工检查钻浇口套孔刀轨, 如图 8-8 所示。

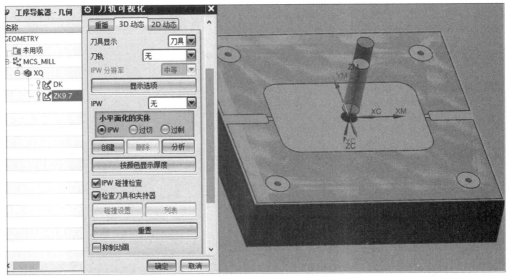

图 8-8　3D 动态仿真加工检查钻浇口套孔刀轨

(7) 创建钻导柱孔工序, 如图 8-9 所示。

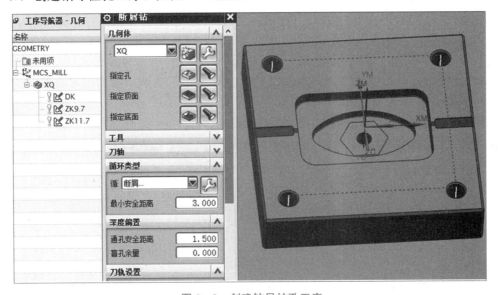

图 8-9　创建钻导柱孔工序

1) 创建工序页面: 工序类型 "drill" →子类型 "断屑钻" →刀具 "ZD11.7" →几何体 "XQ" →工序名称 "ZK11.7"。

2) 断屑钻页面设置: 指定孔选择 "4 个导柱孔中心位置" →指定顶面选择 "分型面" →指定底面选择 "定模板底面" →循环类型选择 "断屑" →编辑参数 "回退距离设 0.1mm" →深度选择 "穿过底面" →增量选为 "恒定 1mm" →最小安全距离设 "3mm" →深度偏置通孔安全距离设 "1.5mm"。

3) 刀轨设置的进给率和速度页面: 设主轴转速 "850r/m" →进给率 "170mm/m"。

4）生成刀轨后，3D 动态仿真检查钻导柱孔刀轨，如图 8-10 所示。

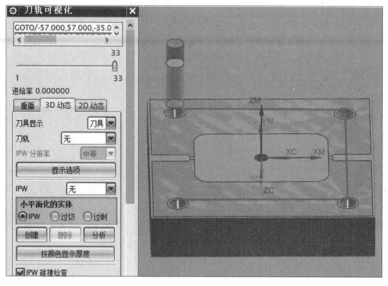

图 8-10　3D 动态仿真检查钻导柱孔刀轨

（8）创建铰导柱孔工序，如图 8-11 所示。

1）创建工序页面：工序类型"drill"→子类型"铰孔"→刀具"JD12"→几何体"XQ"→工序名称"JK12"。

2）铰削页面设置：指定孔选择"4 个导柱孔中心位置"→指定顶面选择"分型面"→指定底面选择"定模板底面"→循环类型选择"标准钻"→编辑参数深度选择"穿过底面"→最小安全距离设"3mm"→深度偏置通孔安全距离设"5mm"。

3）刀轨设置的进给率和速度页面：设主轴转速"200r/m"→进给率"60mm/m"。

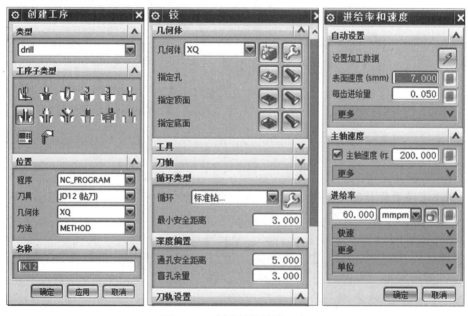

图 8-11　创建铰导柱孔工序

4）生成刀轨后，3D 动态仿真检查铰导柱孔刀轨，如图 8-12 所示。

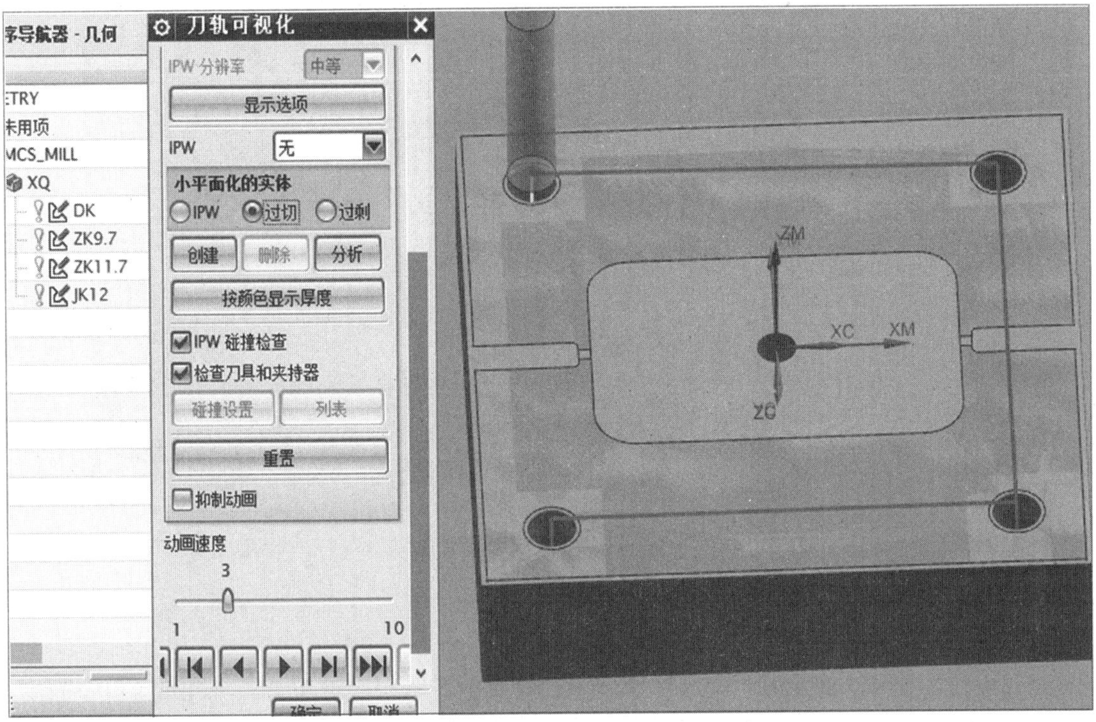

图 8-12　3D 动态仿真检查铰导柱孔刀轨

（9）创建型腔粗铣工序。

1）创建工序页面：工序类型"mill_contour"→子类型"型腔铣"→刀具"D8-4T"→几何体"XQ"→方法"MILL_ROUGH（粗铣）"→工序名称"CXXQ"，如图 8-13 所示。

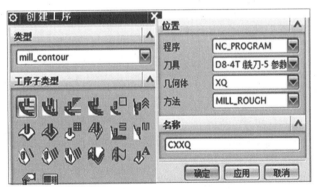

图 8-13　创建型腔粗铣工序

2）型腔铣页面设置：指定切削区域选择"所有成型面"→刀轨设置切削模式"跟随部件"→步距选择"刀具直径 50％"→每刀切削深度选择"恒定值 0.5mm"，如图 8-14 所示。

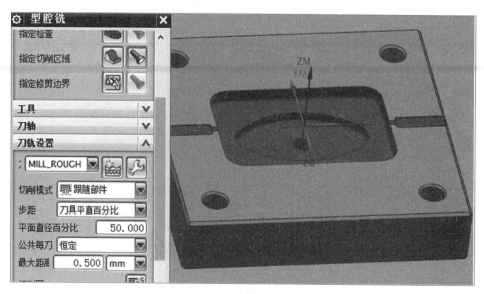

图 8-14 型腔铣页面设置

3）切削参数页面设置：切削方向"顺铣"→切削顺序"层优先"→加工余量选择"底面与侧面一致 0.15mm"，如图 8-15 所示。

4）非切削移动页面设置：封闭区域进刀类型选择"螺旋"进刀→斜坡角"3°"→高度"1mm"→开放区域进刀类型选择"圆弧"进刀，如图 8-16 所示。

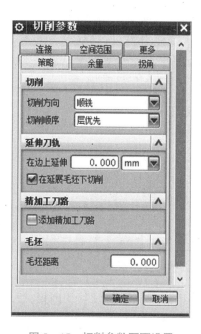

图 8-15 切削参数页面设置

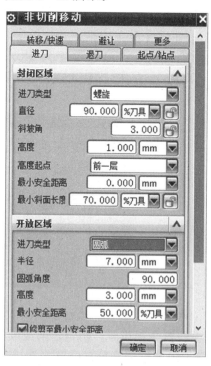

图 8-16 非切削移动页面设置

5）进给率与速度页面：设主轴转速"2500r/m"→进给率"1000mm/m"，生成刀轨如

图 8 - 17 所示。

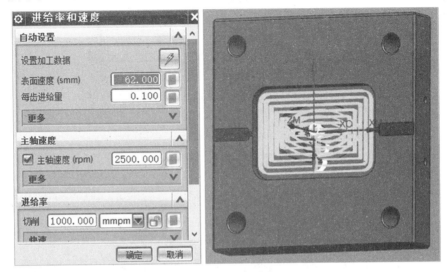

图 8 - 17   粗铣型腔进给率与速度设置及刀轨

6）3D 动态仿真检查型腔粗铣刀轨，如图 8 - 18 所示。

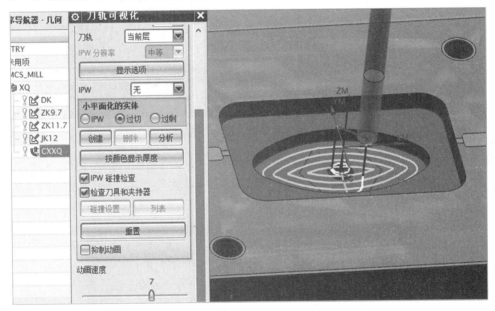

图 8 - 18   3D 动态仿真检查型腔粗铣刀轨

（10）创建型腔精加工工序。

1）创建工序页面：工序类型"mill_contour"→子类型"深度轮廓加工"→刀具 "D6R0.5-4T"→几何体"XQ"→方法"MILL_FINISH（精）"→工序名称"JXXQ"，如 图 8 - 19 所示。

2）深度轮廓加工页面设置：指定切削区域选择"所有成型面"→刀轨设置每刀切削深 度选择"恒定值 0.06mm"，如图 8 - 20 所示。

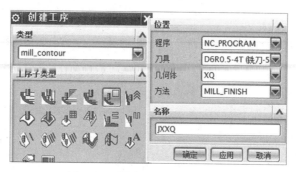

图 8-19　创建型腔精加工工序

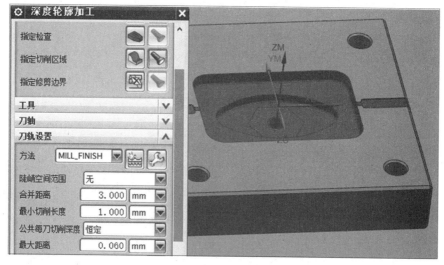

图 8-20　深度轮廓加工页面设置

3）切削参数页面设置：切削方向"顺铣"→切削顺序"层优先"→加工余量"0mm"→内外公差"0.001"→层之间"斜进刀"→斜坡角"30°"→在层之间切削步距"直径的40%"，如图 8-21 所示。

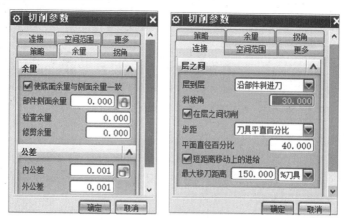

图 8-21　精加工切削参数的设置

4）非切削移动页面设置：与粗加工时设置相同。

5）进给率与速度页面：设主轴转速"3500r/m"→进给率"850mm/m"，生成刀轨后如图 8-22 所示。

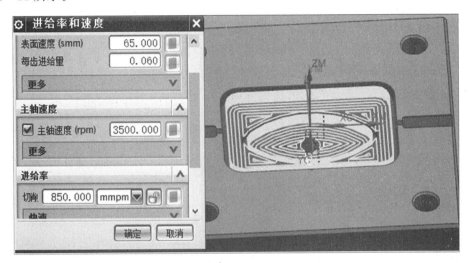

图 8-22　型腔精加工进给率与速度设置及刀轨

6）3D 动态仿真检查型腔精加工刀轨，如图 8-23 所示。

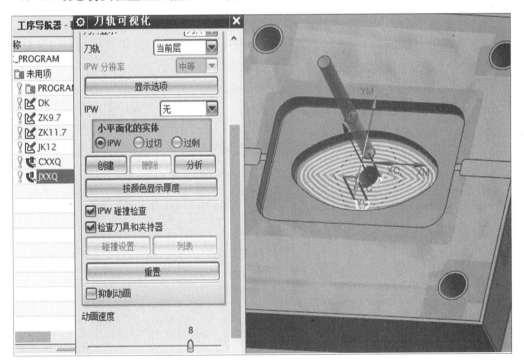

图 8-23　3D 动态仿真检查型腔精加工刀轨

7）检查精加工刀轨的加工精度，分析材料过切与过剩，如图 8-24 所示。

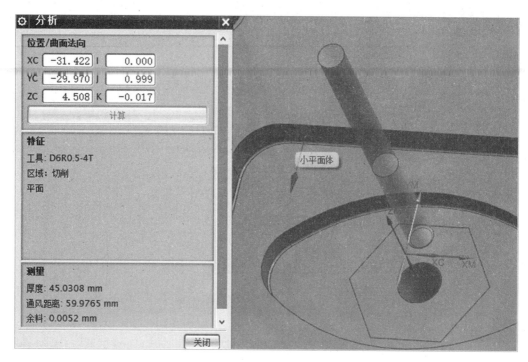

图 8-24　分析刀轨加工后材料的过切与过剩

（11）刀路后处理生成 G 代码程序文件。

1）右击刀路名→后处理→后处理器选择"FANUC_3_X"如图 8-25 所示（这里实训使用 FANUC 系统的 3 轴数控铣床。具体应根据不同类型的数控铣床和不同的操作系统，选择不同的后处理器。如果找不到合适的，可以自己做一个符合本校数控铣床要求的后处理器，NX 软件提供了功能强大的后处理构造器）。

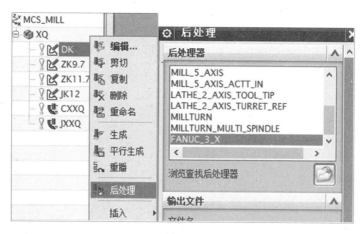

图 8-25　选择合适的后处理器

2）点孔刀轨后处理，生成"201. NC" G 代码文件，保存到合适的文件夹内，代码可用记事本查看，如图 8-26 所示。

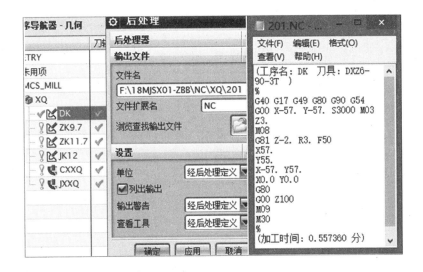

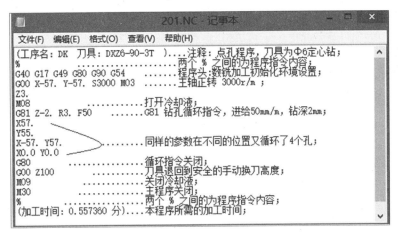

图 8 - 26　DK 刀轨后处理器 G 代码文件 201. NC

3）重复上个步骤，分别把钻浇口套孔刀轨、钻导柱孔刀轨、铰导柱孔刀轨、型腔粗加工刀轨、型腔精加工刀轨，按先后顺序后处理生成 G 代码文件：ZK9.7 刀轨生成"202. NC"文件→ZK11.7 刀轨生成"203. NC"文件→JK12 刀轨生成"204. NC"文件→CXXQ 刀轨生成"205. NC"文件→JXXQ 刀轨生成"206. NC"文件，如图 8 - 27 所示。

图 8 - 27　所有刀轨按顺序生成 G 代码文件

（12）填写表 8 - 1 型腔数控加工工序卡，并画出工件装夹位置及坐标系示意图。

表 8-1　型腔数控加工工序卡

学校：						实习班级：			
学生组号：						学生姓名：			
文件名称：		**XQ. prt**			加工机床：		**3 轴数铣 FANUC 系统**		
工件类型：	型腔	编程人员：				日期：			

NC 程序名	刀型	直径 /mm	R 角	刃长 /mm	余量 /mm	间距 /%	切削深度 /mm	转速 /(r/m)	进给率 /(mm/m)	备注
201	定心钻	6		20			2	3000	50	点孔
202	钻头	9.7		50			穿过底面	1000	200	钻孔
203	钻头	11.7		50			穿过底面	850	170	钻孔
204	机铰刀	12		50			穿过底面	200	60	铰孔
205	立铣刀	8		30	0.15	50	0.5	2500	1000	粗铣
206	牛鼻刀	6	0.5	30	0	40	0.06	3500	850	精铣

工件装夹和坐标系示意图

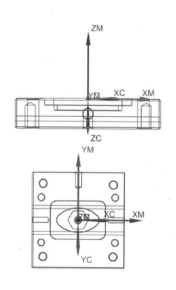	装夹方式： 使用平口钳 装夹深度＞5mm X 零位： 对中为 0 Y 零位： 对中为 0 Z 零位： 工件上表面为 0

学生自检	（组长签名）	老师检验	（老师签名）

每课寄语

　　人们常说：世上无难事，只怕有心人。要系统地学好模具技术，不仅需要恒心和毅力，关键要把每一个步骤、每一个环节都按要求做实、做到位，所有的"每一个"都是整项工程不可或缺的元素。

任务评价

表 8 - 2　型腔零件数控编程评分表

学校：			实习班级：	
学生组号：			学生姓名：	
评分项目	评分要素	分值	评分标准	得分
数控加工工序卡	1. 工序填写是否正确、合理	20	每错、漏 1 格，扣 1 分，扣完为止	
	2. 画工件装夹和坐标系示意图	15	示意图及其说明表达错误不得分	
数控加工程序编辑（检查编程源文件）	1. 数控加工工序安排	20	工序安排不合理，该评分项目不得分，其他要素不再评分	
	2. 刀具选用	10	刀具选用不合理，扣 2 分，扣完为止	
	3. 刀路设计	10	刀路设计不合理，扣 2 分，扣完为止	
	4. 切削用量选用	10	切削用量选用不合理，扣 1 分，扣完为止	
后处理（检查 G 代码文件）	1. 后处理器选择； 2. G 代码文件顺序	15	后处理器选错或 G 代码程序顺序错误，该评分项目不得分	
合计配分		100	合计得分	

任务 **9**

型芯的数控编程及填写型芯数控加工工序卡

任务内容

使用 NX 软件 CAM 加工功能模块，利用任务 4 设计的型芯 3D 数字模型，完成型芯数控加工刀路的编制，后处理生成 G 代码程序文件，文档保存到相应的文件夹内，并填写型芯数控加工工序卡。

教学视频 9

实训目标

1. 会合理安排型芯数控加工工序。
2. 会合理选择型芯加工的刀具与刀路。
3. 会合理选用型芯加工的切削用量。
4. 会后处理生成 G 代码程序。
5. 能填写型芯数控加工工序卡。

实施步骤

（1）修改型芯零件总高度。

用 NX 打开型芯数据模型文件 XX. prt，进入建模模块，修改型芯零件总高度。本例中：型芯的总高度＝型腔的深度＋动模板高度。

动模板设计高度为 20mm，而实际提供的动模板有误差，高度为 20.16mm（此值每组学生都不同，由实际模板测量得到），所以型芯总高度应修改为：11.93＋20.16＝30.09mm，如图 9-1 所示。

（2）进入加工模块，设置数控加工环境（与型腔加工相同），设置型芯铣削加工坐标系 MCS。设型芯底面中心为坐标原点，X 轴、Z 轴正方向跟模型原方向一致，安全高度设为 40mm，如图 9-2 所示。

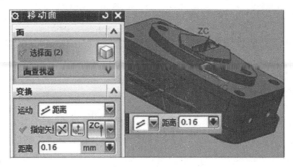

图 9-1　底部台阶面与底面移动位置

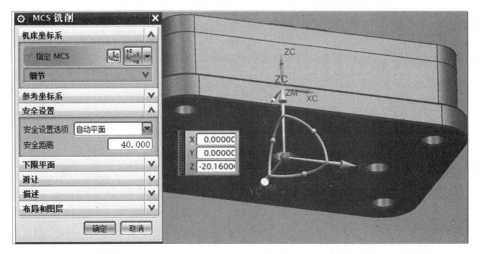

图 9-2　设置加工坐标系 MCS 及安全高度

（3）重命名工件名称为"XX"，指定型芯为加工部件，指定毛坯为包容块，ZM＋1mm，如图 9-3 所示。

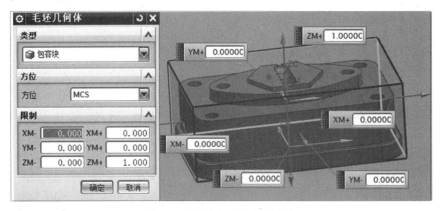

图 9-3　设置加工部件及毛坯

（4）创建刀具，方法与任务 8 相同。创建 φ6 定心钻、φ8 立铣刀、φ6R0.5 牛鼻刀、φ2 立铣刀、φ6R3 球刀，设置各刀具的相应参数，如图 9-4 所示。

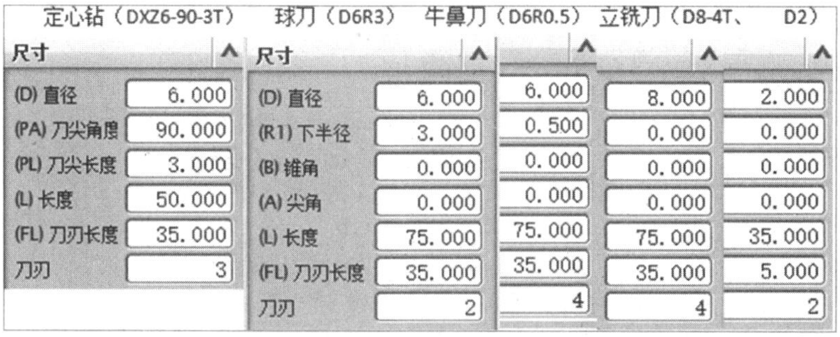

图 9-4　创建刀具、设置参数

（5）创建型芯粗铣工序。

1）创建工序页面：工序类型"mill_contour"→子类型"型芯铣"→刀具"D8-4T"→几何体"XX"→方法"MILL_ROUGH（粗铣）"→工序名称"CXXX"，如图 9-5所示。

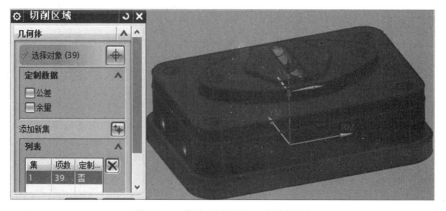

图 9-5　创建型芯粗铣工序

2）型芯铣页面设置：指定型芯粗加工切削区域，如图 9-6所示。刀轨设置切削模式选"跟随周边"→步距选择"刀具直径 50%"→每刀切削深度选择"恒定值 0.5mm"。

图 9-6　指定型芯粗加工切削区域

3）切削参数页面设置：切削方向"顺铣"→切削顺序"层优先"→刀轨方向"向内"→壁清理选择"在终点"→刀轨在边上延伸"2mm"，加工余量选择"底面与侧面一致

0.15mm"，刀轨的内外公差为"0.03mm"，如图9-7所示。

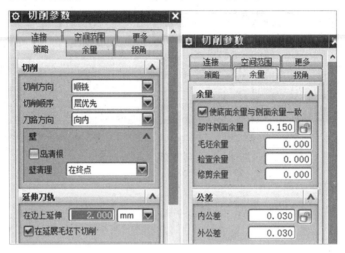

图9-7　切削参数页面设置

4）非切削移动参数页面设置：封闭区域进刀类型选择"螺旋进刀"→斜坡角"3°"→高度"1mm"→开放区域进刀类型选择"圆弧"进刀；刀轨在区域之间转移类型选择"安全距离"→区域内转移类型选择"最小安全值，3mm"，如图9-8所示。

图9-8　非切削移动参数页面设置

刀轨起点与终点重叠距离设为"1mm"→刀轨区域起点位置选择"中点"，指定刀轨起点位置如图9-9所示。

5）进给率与速度页面：设主轴转速"2500r/m"→进给率"1000mm/m"，生成刀轨后如图9-10所示。

6）检查型芯粗加工刀轨，仿真加工后，分析有无撞刀、过切等现象，如图9-11所示。

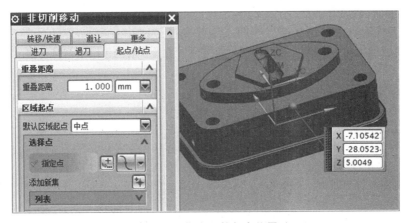

图 9 – 9　指定刀轨起点位置

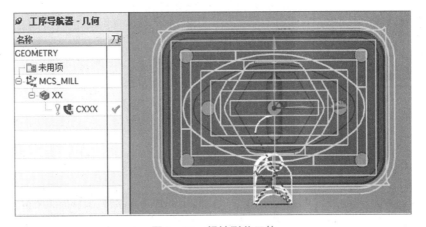

图 9 – 10　粗铣型芯刀轨

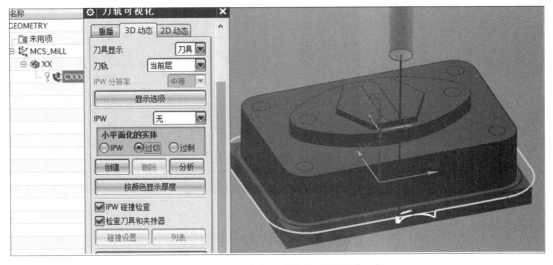

图 9 – 11　3D 动态仿真检查型芯粗铣刀轨

（6）创建型芯精加工工序。

1）创建工序，方法与型腔加工相同：工序类型"mill_contour"→子类型"深度轮廓加工"→刀具"D6R0.5-4T"→几何体"XX"→方法"MILL_FINISH（精）"→工序名称"JXXX"。

2）深度轮廓加工页面设置：刀轨设置每刀切削深度选择"恒定值0.06mm"→指定型芯精加工切削区域，如图9-12所示。

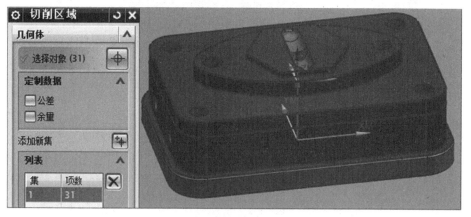

图9-12 指定型芯精加工切削区域

3）切削参数页面设置：切削方向"顺铣"→切削顺序"层优先"→刀轨在边上延伸距离"刀直径的55%"→加工余量"0mm"→内外公差"0.001"→层之间"斜进刀"→斜坡角"30°"→在层之间切削步距"直径的40%"，如图9-13所示。

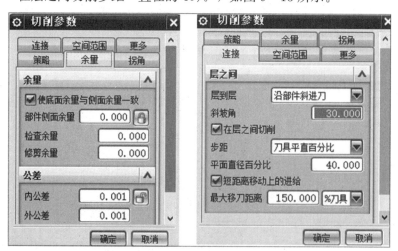

图9-13 型芯精加工切削参数的设置

4）非切削移动页面设置：与型芯粗加工时设置相同。

5）进给率与速度页面：设主轴转速"3500r/m"→进给率"850mm/m"，生成刀轨后如图9-14所示。

6）3D动态仿真检查型芯精加工刀轨，分析有无撞刀、过切等现象，如图9-15所示。

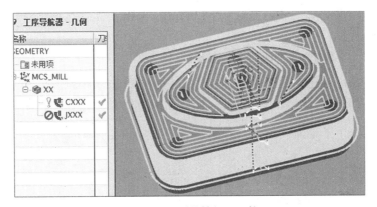

图 9-14　型芯精加工刀轨

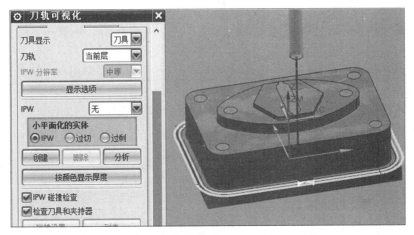

图 9-15　3D 动态仿真检查型芯精加工刀轨

（7）创建铣削分流道工序。

1）在曲线功能里创建直线特征，把分流道两端圆弧的两个圆心连成一条直线，如图 9-16 所示。

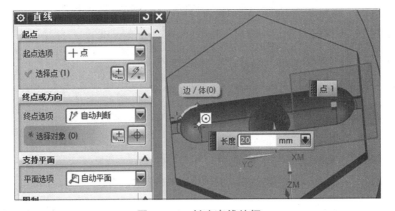

图 9-16　创建直线特征

2）创建工序页面：工序类型"mill_contour"→子类型"固定轮廓铣"→刀具

"D6R3"→几何体"XX"→方法（精铣）"MILL_FINISH"→工序名称"XFLD"，如图 9-17 所示。

图 9-17　创建铣分流道工序

3）固定轮廓铣页面设置：指定切削区域选择"分流道表面"→驱动方法选择"曲线/点"→驱动曲线点步骤 1）创建的直线，如图 9-18 所示。

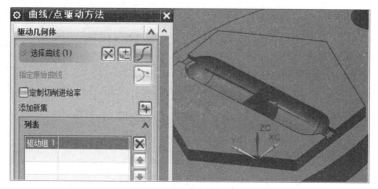

图 9-18　固定轮廓铣指定驱动曲线

4）切削参数页面设置：加工余量设置"0.00mm"→刀轨的内外公差为"0.001mm"→多刀路设置部件余量偏置"1mm"→多重深度切削刀路数设定为"2"，如图 9-19 所示。

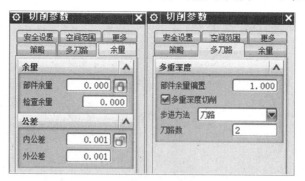

图 9-19　固定轮廓铣切削参数页面设置

5）非切削移动页面设置：开放区域进刀类型选择"插削"→进刀位置距离高度设为"3mm"→在快速转移中部件安全距离设为"3mm"，如图 9-20 所示。

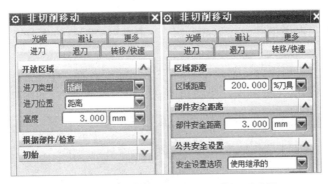

图 9 - 20　固定轮廓铣非切削移动页面设置

6）进给率与速度页面：设主轴转速"3 500r/m"→进给率"350mm/m"，生成刀轨后如图 9 - 21 所示。

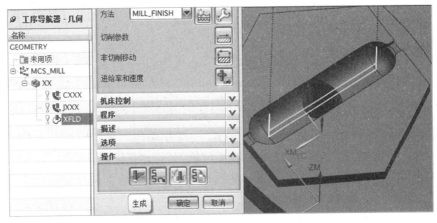

图 9 - 21　铣分流道刀轨

7）检查铣分流道加工刀轨，仿真加工后，分析有无撞刀、过切等现象，如图 9 - 22 所示。

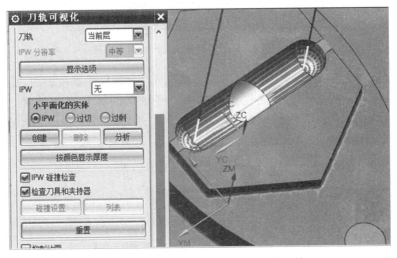

图 9 - 22　仿真加工、检查铣分流道刀轨

（8）创建铣浇口加工工序。

1）创建工序：工序类型"mill_contour"→子类型"深度轮廓加工"→刀具"D2"→几何体"XX"→方法"MILL_FINISH（精）"→工序名称"XJK"。

2）深度轮廓加工页面设置：刀轨设置每刀切削深度选择"恒定值0.05mm"→指定精加工切削区域（浇口槽的1个侧面，小圆角不铣，由钳工修整），如图9-23所示。

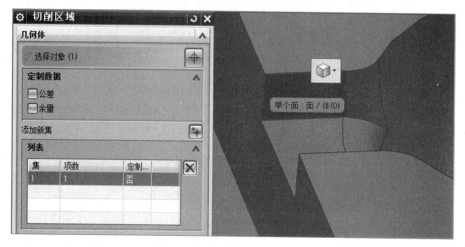

图9-23 指定精加工切削区域（浇口槽的1个侧面）

3）切削参数页面设置：切削方向"混合铣"→切削顺序"深度优先"→刀轨在边上延伸距离"1mm"→连接层之间"选择直接对部件进刀"→加工余量设置"0.00mm"→刀轨的内外公差设为"0.001mm"，如图9-24所示。

图9-24 切削参数页面设置

4）非切削移动页面设置：封闭区域进刀类型选择"插削"→高度设为"3mm"→开放区域进刀"与封闭区域相同"→在快速转移中，区域之间转移类型选择"最小安全值Z"→安全距离设为"3mm"→区域内转移方式选择"进刀/退刀"→转移类型选择"最小安全值Z"→安全距离设为"3mm"，如图9-25所示。

5）进给率与速度页面设置：设主轴转速为"6000r/m"→进给率"600mm/m"，如图9-26所示。

6）由于浇口槽的宽度为2mm，我们选用的刀具直径也是2mm的立铣刀，在实际加工时刚好可以一刀下去。但在编刀轨时2mm的刀轨进不了2mm的槽，所以我们要把2mm刀具的直径参数修改为1.99mm，修改方法如图9-27所示。

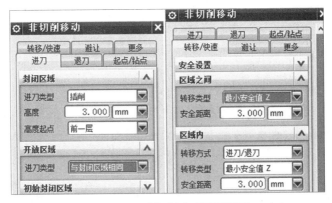

图 9-25　非切削移动页面设置

图 9-26　进给率与速度页面设置

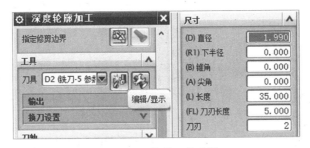

图 9-27　修改刀具参数

7）生成铣削浇口的刀路轨迹，如图 9-28 所示。

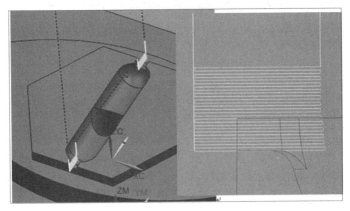

图 9-28　生成铣削浇口的刀路轨迹

8）检查铣浇口加工刀轨，仿真加工后，分析有无撞刀、过切等现象。

（9）创建点孔工序。

1）工序类型"drill"→子类型"定心钻"→刀具"DXZ6 - 90 - 3T"→几何体"XX"→工序名称"DK"。

2）定心钻页面设置：指定孔选择"6 个顶杆孔位置"→然后再单击"一般点"，如图 9 - 29 所示；点类型选择"两点之间"，得到拉料杆孔的圆心点位置，如图 9 - 30 所示。

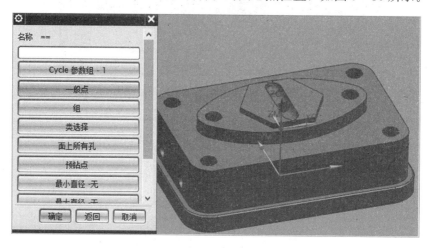

图 9 - 29　选择 6 个顶杆孔位置

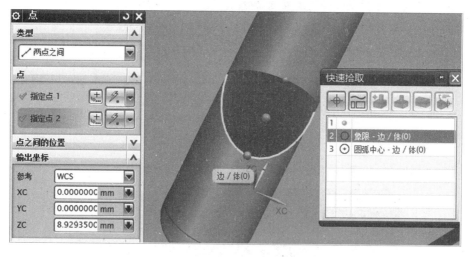

图 9 - 30　选择拉料杆孔位置

3）循环类型默认"标准钻"→编辑参数，深度设为"刀尖深度 2mm"→最小安全距离高为"15mm"。

4）刀轨设置中的进给率和速度页面中：设主轴转速"3 000r/m"→进给率"50mm/m"。

5）生成点孔刀轨，如图 9 - 31 所示。

6）检查点孔刀轨，仿真加工后，分析有无撞刀、过切等现象，如图 9 - 32 所示。

（10）工件反面装夹，编辑铣底部 7mm 高台阶侧面刀轨。

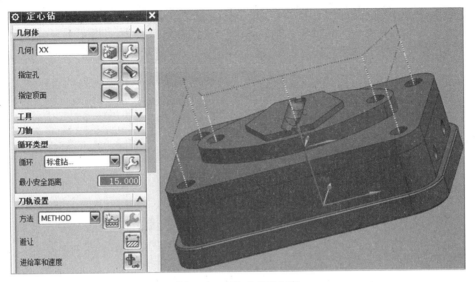

图 9 - 31　生成点孔刀轨

图 9 - 32　仿真加工检查点孔刀轨

1) 创建几何体→几何体子类型选择"坐标系"→位置选择为"GEOMETRY"→名称设为"MCS2",如图 9 - 33 所示。底面拉料杆孔圆心为坐标原点,X 轴方向与原方向一致,Y 轴、Z 轴方向分别与原方向相反,安全距离设为"10mm"。

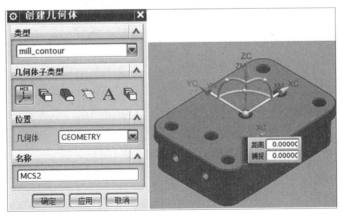

图 9 - 33　创建新的坐标系 MCS2

2）创建几何体→几何体子类型选择"工件"→位置选择为"MCS2"→名称设为"XX2"→如图 9-34 所示。确定后，指定部件，如图 9-35 所示。指定毛坯，类型为"包容块"→X 轴与 Y 轴各边都扩大"0.5mm"，如图 9-36 所示，

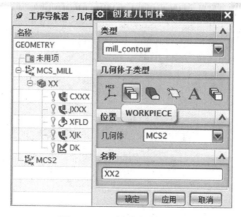

图 9-34 创建新的工件

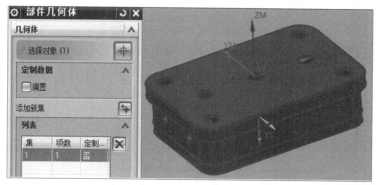

图 9-35 指定部件

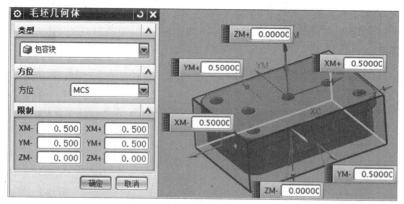

图 9-36 指定毛坯

3）创建铣台阶侧面工序。工序类型"mill_contour"→子类型选择"型腔铣"→刀具选"D8-4T"→几何体选"XX2"→方法选"粗铣"→工序名称"CXXX2"，如图 9-37 所示。

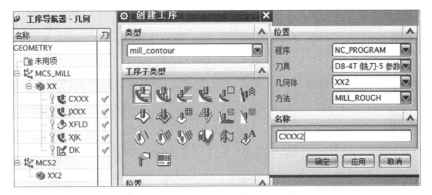

图 9 - 37　创建铣台阶侧面工序

4）型腔铣页面设置：指定型芯切削区域"选择台阶侧面"，如图 9 - 38 所示。

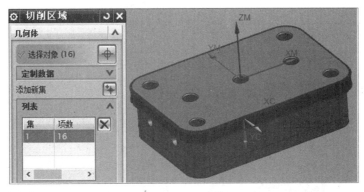

图 9 - 38　指定型芯切削区域

5）刀轨设置切削模式"跟随周边"→步距"刀具直径 50％"→每刀切削深度"恒定值 0.5mm"，如图 9 - 39 所示。

6）切削参数页面设置：切削方向"顺铣"→切削顺序"层优先"→刀轨方向"向内"→加工余量"0"→刀轨的内外公差为"0.01mm"，如图 9 - 40 所示。

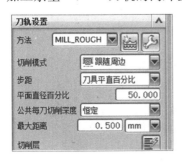

图 9 - 39　刀轨设置

图 9 - 40　切削参数设置

7）非切削移动页面设置：开放区域进刀类型选择"圆弧"进刀→刀轨起点与终点重叠距离设为"1mm"→刀轨在区域内转移类型选择"最小安全值，3mm"。

8）进给率与速度页面：设主轴转速"2500r/m"→进给率设为"1000mm/m"。

9）切削层页面中把深度范围改为"7.5mm"，如图 9 - 41 所示。

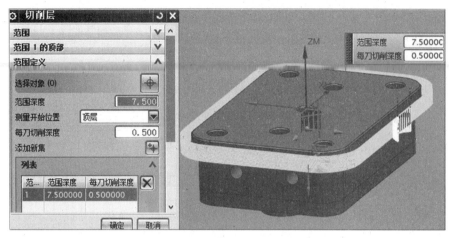

图 9 - 41　修改切削层深度范围

10）生成铣台阶刀轨，如图 9 - 42 所示。

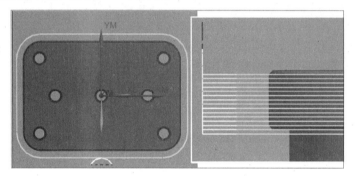

图 9 - 42　生成铣台阶刀轨

11）检查铣型芯底部台阶侧面刀轨，仿真加工后，分析有无撞刀、过切等现象，如图 9 - 43 所示。

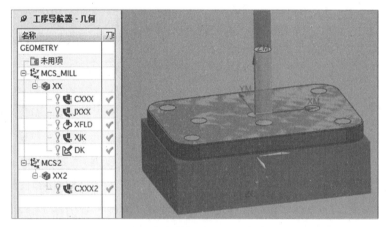

图 9 - 43　仿真加工、检查铣型芯底部台阶侧面刀轨

（11）刀轨后处理生成 G 代码程序文件。

1）右击"CXXX"工序名（粗铣型芯刀路）→后处理→后处理器选择"FANUC_3_X"（与型腔相同）→生成文件名"001.NC"的 G 代码程序文件，保存到合适的文件夹内，代码可用记事本查看，如图 9-44 所示。

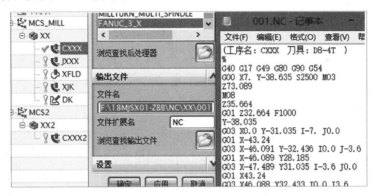

图 9-44　CXXX 工序刀路后处理生成 001.NC 程序文件

2）重复上个步骤，按工序顺序分别把：

"JXXX"（精铣型芯）刀路生成→"002.NC"程序文件；

"XFLD"（铣分流道）刀路生成→"003.NC"程序文件；

"XJK"（铣浇口）刀路生成→"004.NC"程序文件；

"DK"（点孔）刀路生成→"005.NC"程序文件；

"CXXX2"（反面铣台阶）刀路生成→"006.NC"程序文件。

6 个文件如图 9-45 所示。

图 9-45　6 个刀路按顺序生成 G 代码程序文件

（12）填写表 9-1 型芯数控加工工序卡，并画出工件装夹位置及坐标系示意图。

表 9-1　型芯数控加工工序卡

学校：							实习班级：			
学生组号：							学生姓名：			
3D 建模文件：		XX.prt			加工机床：		3 轴数铣 FANUC 系统			
工件类型：	型芯				编程人员：			日期：		
NC 程序名	刀型	直径 /mm	R 角	刃长 /mm	余量 /mm	间距 /%	切削深度 /mm	转速 /(r/m)	进给率 /(mm/m)	备注
001	立铣刀	8		30	0.15	50	0.5	2 500	1 000	粗铣
002	牛鼻刀	6	0.5	30	0	40	0.06	3 500	850	精铣
003	球刀	6	3	30	0		1.5	3 500	350	铣流道

续表

NC 程序名	刀型	直径 /mm	R角	刃长 /mm	余量 /mm	间距 /%	切削深度 /mm	转速 /(r/m)	进给率 /(mm/m)	备注
004	立铣刀	2		5	0		0.06	6 000	600	铣浇口
005	点孔刀	6		20			2	3000	50	点孔
型芯反面装夹，铣型芯底部台阶										
006	立铣刀	8		30	0	50	0.5	2 500	1 000	粗铣

工件装夹和坐标系示意图

（一）正面装夹示意图	（二）反面装夹示意图	装夹方式：使用平口钳
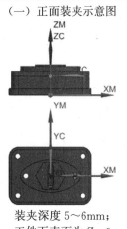 装夹深度 5～6mm；工件下表面为 Z=0	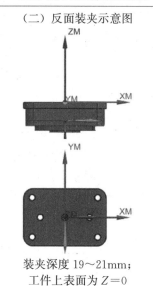 装夹深度 19～21mm；工件上表面为 Z=0	X 零位：对中为 0 Y 零位：对中为 0 Z 零位：型芯底面为基准

学生自检	（组长签名）	老师检验	（老师签名）

 每课寄语

当今世界，计算机辅助制造（CAM）在制造业中变得越来越重要，复杂工件（如航空发动机叶片）用 CAM 技术可以精确、高效地完成加工。因此，同学们在学习相关知识和技术（如数控编程）的过程中，要沉下心来，认真钻研和训练，努力提高技能水平，争当大国工匠！

任务评价

表 9-2　型芯零件数控编程评分表

学校:			实习班级:		
学生组号:			学生姓名:		
评分项目	评分要素	分值	评分标准		得分
数控加工工序卡	1. 工序填写正确、合理	20	每错、漏 1 处，扣 1 分，扣完为止		
	2. 工件装夹和坐标系示意图表达	15	示意图及其说明，表达错误不得分		
数控加工程序编辑（检查编程源文件）	1. 数控加工工序安排	20	工序安排不合理，该评分项目不得分，其他要素不再评分		
	2. 刀具选用	10	刀具选用不合理，扣 2 分，扣完为止		
	3. 刀轨设计	10	刀轨设计不合理，扣 2 分，扣完为止		
	4. 切削用量选用	10	切削用量选用不合理，扣 1 分，扣完为止		
后处理（检查 G 代码文件）	1. 后处理器选择； 2. G 代码文件顺序	15	后处理器选错或 G 代码程序顺序错误，该评分项目不得分		
合计配分		100	合计得分		

教学视频 10

任务 ⑩

动模板的数控编程及填写
动模板数控加工工序卡

任务内容

　　使用 NX 软件 CAM 加工功能模块，利用任务 4 设计的动模板 3D 数字模型，完成动模板数控加工刀轨的编制，后处理生成 G 代码程序文件，文档保存到相应的文件夹内，并填写动模板数控加工工序卡。

实训目标

1. 会合理安排动模板数控加工工序。
2. 会合理选择动模板加工的刀具与刀轨。
3. 会合理选用动模板加工的切削用量。
4. 会后处理生成 G 代码程序。
5. 能填写动模板数控加工工序卡。

实施步骤

　　(1) 用 NX 打开动模板数据模型文件 DMB.prt，进入加工模块。设置数控加工环境（与型腔加工相同），设置动模板加工坐标系 MCS：动模板底面中心为坐标原点，X 轴跟模型原方向一致，Y 轴、Z 轴正方向分别与模型原方向相反，安全高度设 "10mm"，如图 10-1 所示。

　　(2) 重命名工件名称为 "DMB"，指定动模板为加工部件，指定毛坯为包容块，如图 10-2 所示。

　　(3) 创建刀具（方法与任务 8 相同）。创建刀具：DXZ6-90-3T（ϕ6 定心钻-90。锥角-3 刃）、ZD11.7（ϕ11.7 钻头）、JD12（ϕ12 铰刀）、D6R0.5-4T（ϕ6R0.5 牛鼻刀-4 刃）、D8-4T（ϕ8 立铣刀-4 刃）。

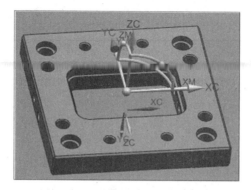

图 10 - 1　设置动模板加工坐标系

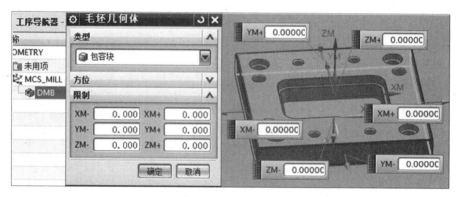

图 10 - 2　设置加工部件及毛坯

（4）创建点孔工序。

1）工序类型"drill"→子类型"定心钻"→刀具"DXZ6 - 90 - 3T"→几何体"DMB"→工序名称"DK"。

2）定心钻页面设置：指定孔选择"4 个导柱孔圆心位置和工件中心位置加个工艺孔"→指定顶面选择"工件上表面"→循环类型默认"标准钻"→编辑参数"刀尖深度2mm"→安全距离"3mm"。

3）刀轨设置的进给率和速度页面：设主轴转速"3 000r/m"→进给率"50mm/m"。

4）生成刀轨后，3D 动态仿真加工、检查刀轨。

（5）创建钻导柱孔工序。

1）创建工序页面：工序类型"drill"→子类型"断屑钻"→刀具"ZD11.7"→几何体"DMB"→工序名称"ZK11.7"。

2）断屑钻页面设置：指定孔选择"4 个导柱孔位置和工件中心位置加个工艺孔"→指定顶面选择"工件上表面"→指定底面选择"工件下表面"→循环类型选择"断屑"→编辑参数"回退距离设0.1mm"→深度选择"穿过底面"→增量选为"恒定1mm"→最小安全距离设"3mm"→深度偏置通孔安全距离设"3mm"，如图 10 - 3 所示。

3）刀轨设置的进给率和速度页面：设主轴转速"850r/m"→进给率"170mm/m"。

4）生成刀轨后，3D 动态仿真加工、检查钻导柱孔刀轨，如图 10 - 4 所示。

图 10 - 3　断屑钻参数编辑

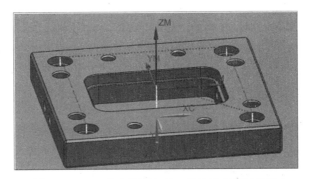

图 10 - 4　3D 动态仿真加工、检查钻导柱孔刀轨

（6）创建动模板粗铣加工工序。

1）创建工序页面：工序类型"mill_contour"→子类型"型腔铣"→刀具"D8-4T"→几何体"DMB"→方法"mill_rough（粗铣）"→工序名称"CXDMB"。

2）型腔铣页面设置：指定修剪边界→边界选择方法"曲线"→分别选择"4 个导柱沉孔边线与型芯安装孔边线"，修剪侧选择"外部"，如图 10 - 5 所示。

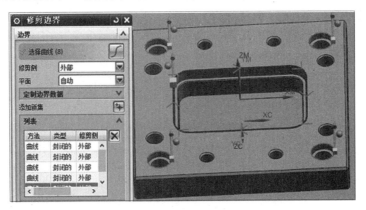

图 10 - 5　指定动模板粗铣的切削区域

3）刀轨设置：切削模式"跟随部件"→步距选择"刀具直径 50％"→每刀切削深度选择"恒定值 0.5mm"。

4）切削参数页面设置：切削方向"顺铣"→切削顺序"深度优先"→加工余量选择"底面与侧面一致 0.15mm"，刀轨的内外公差设为"0.01mm"，如图 10 - 6 所示。

图 10 - 6 切削参数页面设置

5）非切削移动页面设置：封闭区域进刀类型选择"螺旋进刀"→斜坡角"3°"→高度"1mm"→开放区域进刀类型选择"圆弧进刀"。

6）进给率与速度页面：设主轴转速"2500r/m"→进给率"1000mm/m"。

7）切削层页面设置：范围定义选中第 3 层（最下面一层），把范围深度"20mm"修改为"21mm"，如图 10 - 7 所示。

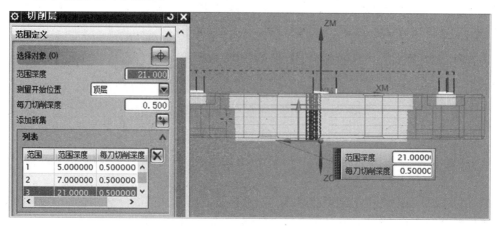

图 10 - 7 切削层底层深度范围修改

8）仿真加工、检查动模板粗铣刀轨，如图 10 - 8 所示。

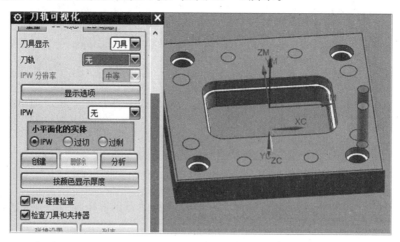

图 10 - 8 仿真加工、检查动模板粗铣刀轨

（7）创建型腔精加工工序。

1）创建工序页面：工序类型"mill_contour"→子类型"深度轮廓加工"→刀具"D6R0.5-4T"→几何体"XDMB"→方法"mill_finish（精）"→工序名称"JXDMB"。

2）深度轮廓加工页面设置：指定切削区域选择"4 个导柱沉孔表面与型芯安装孔表面"→刀轨设置每刀切削深度选择"恒定值 0.1mm"。

3）切削参数页面设置：切削方向"顺铣"→切削顺序"层优先"→刀轨延伸"在刀具接触点下继续切削"→加工余量"0mm"→内外公差"0.001"→层之间"沿部件交叉斜进刀"→斜角"30°"，如图 10-9 所示。

图 10-9 动模板精加工切削参数的设置

4）非切削移动页面设置：封闭区域进刀类型选择"螺旋进刀"→斜坡角"3°"→高度"1mm"→开放区域进刀类型选择"圆弧进刀"。

5）进给率与速度页面：设主轴转速"3 500r/m"→进给率"850mm/m"。

6）切削层页面设置：深度范围定义选中最底下一层，把范围深度"20mm"修改为"21.5mm"，如图 10-10 所示。

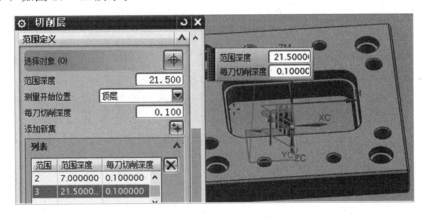

图 10-10 动模板精加工切削层设置

7）仿真加工、检查动模板精加工刀轨有否撞刀、过切等现象，如图 10-11 所示。

（8）创建铰导柱孔工序。

1）创建工序页面：工序类型"drill"→子类型"铰孔"→刀具"JD12"→几何体"DMB"→工序名称"JK12"。

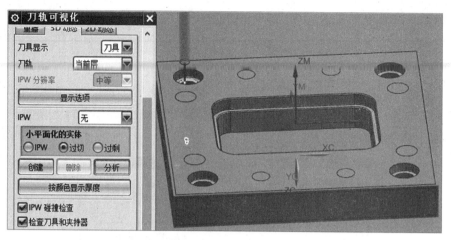

图 10-11　仿真加工、检查动模板精加工刀轨

2）铰削页面设置：指定孔选择"4 个导柱孔中心位置"→指定顶面"工件上表面"→指定底面"工件下表面"→循环类型选择"标准钻"→编辑参数深度选择"穿过底面"→最小安全距离设"3mm"→深度偏置通孔安全距离设"5mm"。

3）刀轨设置的进给率和速度页面：设主轴转速"200r/m"→进给率"60mm/m"。

4）3D 动态仿真加工，检查铰导柱孔刀轨，如图 10-12 所示。

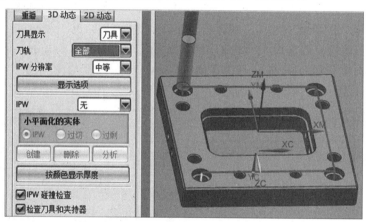

图 10-12　检查铰导柱孔刀轨

（9）刀路后处理生成 G 代码程序文件。

1）右击"DK"工序名（点孔刀轨）→后处理→后处理器选择"FANUC_3_X"（与型腔相同）→生成文件名"301.NC"的 G 代码程序文件，保存到合适的文件夹内。

2）重复上个步骤，按工序顺序分别把：

"ZK11.7"（钻孔）刀路生成→"302.NC"程序文件；

"CXDMB"（粗铣动模板）刀路生成→"303.NC"程序文件；

"JXDMB"（精铣动模板）刀路生成→"304.NC"程序文件；

"JK12"（铰孔）刀轨生成→"305.NC"程序文件。

5 个程序如图 10-13 所示。

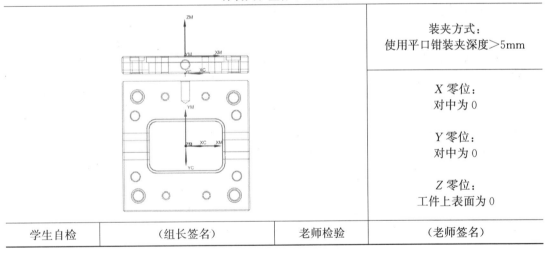

盘 (F:) ▶ 18MJSX01-ZBB ▶ NC ▶ DMB

301.NC	302.NC	303.NC
304.NC	305.NC	DMB.prt
动模板数控加工工序卡.docx		

图 10 - 13　动模板 5 个刀轨生成 5 个程序

（10）填写表 10 - 1 动模板数控加工工序卡，并画出工件装夹位置及坐标系示意图。

表 10 - 1　动模板数控加工工序卡

学校：					实习班级：					
学生组号：					学生姓名：					
3D 建模文件：		DMB. prt			加工机床：		3 轴数铣 FANUC 系统			
工件类型：	动模板				编程人员：		日期：			
NC 程序名	刀型	直径 /mm	R 角	刃长 /mm	余量 /mm	间距 /%	切削深度 /mm	转速 /(r/m)	进给率 /(mm/m)	备注
301	点孔刀	6		20			2	3000	50	点孔
302	钻头	11.7		50			穿过底面	850	170	钻孔
303	立铣刀	8		30	0.15	50	0.5	2500	1000	粗铣
304	牛鼻刀	6	0.5	30	0		0.1	3500	850	精铣
305	铰刀	12		50	0		穿过底面	200	60	铰孔

工件装夹和坐标系示意图

|

 | 装夹方式：
使用平口钳装夹深度＞5mm

X 零位：
对中为 0

Y 零位：
对中为 0

Z 零位：
工件上表面为 0 |
| 学生自检 | （组长签名） | 老师检验 | （老师签名） |

每课寄语

团队合作是一群有共同信念、有一定能力的人为一个共同目标，相互支持、合作奋斗的过程。团队合作往往能激发团体和个人的潜力，其成果往往超过个人的最大成绩。正所谓"同心山成玉，协力土变金"。组内同学如能同心协力，劲往一处使，必能相互促进、共同提升，获得理想成果。

注塑模具综合实训项目教程

任务评价

表 10 - 2　动模板数控编程评分表

学校：				实习班级：	
学生组号：				学生姓名：	
评分项目	评分要素	分值		评分标准	得分
数控加工 工序卡	1. 工序填写正确、合理	20		每错、漏 1 格，扣 1 分，扣完 为止	
	2. 工件装夹和坐标系示意图表达	15		示意图及其说明，表达错误不 得分	
数控加工 程序编辑 （检查编程 源文件）	1. 数控加工工序安排	20		工序安排不合理，该评分项目不 得分，其他要素不再评分	
	2. 刀具选用	10		刀具选用不合理，扣 2 分，扣完 为止	
	3. 刀轨设计	10		刀轨设计不合理，扣 2 分，扣完 为止	
	4. 切削用量选用	10		切削用量选用不合理，扣 1 分， 扣完为止	
后处理 （检查 G 代码 文件）	1. 后处理器选择； 2. G 代码文件顺序	15		后处理器选错或 G 代码程序顺 序错误，该评分项目不得分	
合计配分		100		合计得分	

型腔的数控加工

任务内容

教学视频 11

依据任务 5 绘制完成的型腔 2D 工程图、任务 8 编写的型腔数控加工程序以及型腔数控加工工序卡等技术文件，对定模板进行数控铣削加工，使之成为合格的模具成型零件。

实训目标

1. 会选取型腔数控加工所需的技术文件，并挑选对应的刀具。
2. 会从计算机或 SD 数据存储卡往数控机床传输程序。
3. 会依据型腔数控加工工序卡中装夹示意图，在数铣上正确装夹、打表找正工件。
4. 会在机床上手工编写简单程序。
5. 会依据型腔数控加工工序卡正确调用程序、装夹刀具，完成型腔的加工。
6. 会对型腔数控加工中出现的质量异常，分析其产生的原因并提出改进措施。
7. 遵守数控加工车间"7S"管理。

实施步骤

（1）加工前准备工作。

1）数控加工实训室在课前应准备好相应的实训设备及工量具，具体见表 11-1。

表 11-1　数控加工工位准备的设备及工量具

序号	名称	规格	数量/工位
1	数控铣床	3 轴　FANUC 系统	1 台
2	铜棒（铝棒）	自定	1
3	带表游标卡尺	0～250	1
4	带表深度游标卡尺	自定	1

续表

序号	名称	规格	数量/工位
5	百分表及专用表座	自定	1套
6	平口钳	200mm	1
7	寻边器	自定	1
8	等高块	自定	1套
9	刀柄与刀夹、钻夹头	与刀具相配	若干
10	连机的电脑及数据线或者 SD 数据存储卡	自定	1

2）学员在型腔数控加工前应准备好带去工位的物品，见表 11-2。

表 11-2　型腔数控加工前的准备物品

序号	名称		规格	数量/工位
1		型腔毛坯（定模板）	150×150×30	1
2	技术文件	型腔 2D 工程图纸	图号：SX01-01	1张
3		型腔数控加工工序卡	表 8-1	1张
4		型腔数控加工程序	G 代码文件	6个
5	刀具	定心钻	$\phi 6-90-3T$	1
6		钻头	$\phi 9.7$	1
7		钻头	$\phi 11.7$	1
8		机铰	$\phi 12$	1
9		立铣刀	D8-4T	1
10		牛鼻刀	D6R0.5-4T	1

（2）传输程序。使用计算机及数据线连接机床，把型腔数控加工程序传输到机床中，或使用 SD 数据存储卡，把型腔加工 6 个程序文件复制到数控铣床中，如图 11-1 所示。

图 11-1　使用 SD 卡复制型腔加工程序文件

（3）装夹毛坯并找正。会依据型腔数控加工工序卡中工件装夹及坐标系示意图，在数铣上正确装夹型腔毛坯，注意毛坯钢印位置，使毛坯加工坐标系方向与工序卡中工件加工坐标系方向一致，并用百分表找正工件位置，如图 11-2 所示。

图 11 - 2   型腔毛坯装夹及用百分表找正

（4）设置加工坐标系 G54。使用寻边器对型腔毛坯 X 轴、Y 轴分中，确定 G54 的 X 轴、Y 轴零点位置与型腔数控加工工序卡中规定的零位一致，如图 11 - 3 所示。

图 11 - 3   寻边器工件分中、设置 G54 坐标零位

（5）对刀、调用程序。

1）依据型腔数控加工工序卡中程序名"201"，正确安装与之相对应的刀具"$\phi 6$ 定心钻"（注意刃长），对刀、设定毛坯上表面为 $Z=0$，如图 11 - 4 所示。

图 11 - 4   调用程序、对刀

2）调用点孔程序"201"，执行后加工结果如图 11 - 5 所示。

图 11 - 5　点孔程序 201 执行结果

（6）依据工序卡中的顺序，安装 ϕ9.7 钻头，对刀、设毛坯上表面为 $Z=0$，执行钻孔程序"202"；安装 ϕ11.7 钻头，对刀、设毛坯上表面为 $Z=0$，执行钻孔程序"203"；安装 ϕ12 铰刀，对刀、设毛坯上表面为 $Z=0$，执行铰孔程序"204"，然后利用新的 ϕ12 导柱检查 4 个导柱孔的铰孔质量，如图 11 - 6 所示。

图 11 - 6　程序 202、203、204 执行结果，检查导柱孔质量

（7）依据型腔数控加工工序卡中顺序，安装粗铣刀具 ϕ8 立铣刀，对刀设定毛坯上表面为 $Z=0$，调用型腔粗加工程序"205"，执行后效果如图 11 - 7 所示。

图 11 - 7　粗铣型腔程序 205 执行结果

（8）依据型腔数控加工工序卡中顺序，安装精铣刀具 ϕ6R0.5 牛鼻刀，对刀、设定毛坯上表面为 $Z=0$，调用型腔精加工程序"206"，程序执行后初步检测工件尺寸，如图 11 - 8 所示。

图 11-8　初步检查精加工后型腔尺寸

（9）遵守数控加工实训车间"7S"管理。数铣加工完成，工件拆卸、清理、去毛刺，清理数控铣床、整理工量具、打扫卫生。

（10）依据型腔 2D 工程图纸上的要求，仔细检测型腔的加工精度，如图 11-9 所示。

（11）填写型腔数控加工质量自检分析表，见表 11-3。

图 11-9　型腔加工质量自检

表 11-3　型腔数控加工质量自检分析表

学校：		实习班级：	
学生组号：		学生姓名：	
零件名称：	型腔	图号：	SX01-01
图样尺寸	自检尺寸	图样尺寸	自检尺寸
孔直径 $\phi 12_{0}^{+0.018}$		台阶深度 6.91 ± 0.02	
中心距 114 ± 0.01		总深度 11.93 ± 0.03	
异常情况	□尺寸超差、　□过切、　□形位公差超差、　□表面质量异常 其他_____		
原因分析			
改进措施			

每课寄语

　　安全文明生产是保障实习学生安全和设备正常的必要规定，是防止工伤和设备事故的根本保证，它直接影响到人身安全、机床设备和工量刀具的使用寿命。同学们在实习期间必须养成良好的安全文明生产习惯。

 任务评价

表 11 - 4　型腔零件数控加工评分表

学校：			实习班级：		
学生组号：			学生姓名：		
评分项目	评分要素	分值	评分标准		得分
数控加工前的准备工作	1. 零件毛坯	5	1. 拿错扣 5 分； 2. 没倒角、去毛刺，1 处扣 0.5 分，扣完为止		
	2. 技术文件	10	每错、漏 1 项，扣 5 分，扣完为止		
	3. 刀具	10	每错、漏 1 把，扣 2 分，扣完为止		
工件装夹、找正、对刀、建立工件坐标系	1. 应按数控加工工序卡中的要求装夹、找正工件	15	1. 装夹方位、深度不符合要求，不得分； 2. 水平找正超过 0.03mm，不得分		
	2. 应按数控加工工序卡中的要求建立工件坐标系	15	工件坐标系 G54 设置错误，不得分		
数控加工	应按数控加工工序卡中的要求调用程序、装夹刀具	15	程序调用错误或刀具装夹错误，不得分		
零件质量自检分析表	1. 自检尺寸； 2. 异常情况	10	每错 1 项，扣 2 分，扣完为止		
	1. 原因分析； 2. 改进措施	10	按陈述内容是否合理，酌情扣分		
安全文明生产	1. 每次实训应按规定穿戴劳保用品； 2. 应遵守数控铣床安全操作规程； 3. 实训过程中应遵守安全文明生产要求，无安全隐患； 4. 应遵守数控加工车间"7S"管理规定	10	1. 每出现 1 次不合规定行为扣 1 分，扣完为止； 2. 每出现 1 次安全事故，扣 5～10 分		
合计配分		100	合计得分		

任务 12

型芯的数控加工

任务内容

教学视频 12

依据任务 5 绘制完成的型芯 2D 工程图、任务 9 编写的型芯数控加工程序以及型芯数控加工工序卡等技术文件,对型芯进行数控铣削加工,使之成为合格的模具成型零件。

实训目标

1. 会选取型芯数控加工所需的技术文件,并挑选对应的刀具。
2. 会依据型芯数控加工工序卡中装夹示意图,在数铣上正确装夹、打表找正工件。
3. 能熟练地对刀,正确设置加工坐标系。
4. 会依据型芯数控加工工序卡正确调用程序、装夹刀具,完成型芯的加工。
5. 会对型芯数控加工中出现的质量异常,分析其产生的原因并提出改进措施。
6. 遵守数控加工实训车间"7S"管理。

实施步骤

(1) 准备工作。学员在型芯数控加工实训前应准备好的物品,见表 12-1。

表 12-1 型芯数控加工前的准备物品

序号	名称		规格	数量/工位
1	型芯毛坯		92×62×33	1
2	技术文件	型芯 2D 工程图纸	图号:SX01-02	1 张
3		型芯数控加工工序卡	表 9-1	1 张
4		型芯数控加工程序	G 代码文件	6 个

续表

序号	名称		规格	数量/工位
5		立铣刀	D8-4T	1
6		牛鼻刀	D6R0.5-4T	1
7	刀具	球刀	D6R3	1
8		立铣刀	D2	1
9		定心钻	φ6-90-3T	1

(2) 传输程序。使用计算机及数据线连接机床，把型芯数控加工程序传输到机床中，或使用 SD 数据存储卡，把型芯加工 6 个程序文件复制到数控铣床中，如图 12-1 所示。

图 12-1　使用 SD 卡复制型芯加工程序文件

(3) 装夹毛坯并找正。依据型芯数控加工工序卡中工件装夹及坐标系示意图，在数铣上正确装夹型芯毛坯，使毛坯加工坐标系方向与工序卡中工件加工坐标系方向一致。装夹时毛坯下面可以放等高块，平口钳夹住毛坯二边的深度 5～6mm，并用百分表找正工件位置，如图 12-2 所示。

图 12-2　型芯毛坯装夹深度 5～6mm

(4) 设置加工坐标系 G54。使用寻边器对型芯毛坯分中，确定 G54 的 X、Y 零点位置与工序卡中规定的零位一致，如图 12-3 所示。

图 12-3 寻边器工件分中、设置 G54 坐标零位

（5）对刀、调用粗铣程序。依据型芯数控加工工序卡中程序名"001"，正确安装与之相对应的刀具"φ8 立铣刀"（注意刃长），对刀，设定毛坯下表面为 $Z=0$，然后执行粗铣型芯程序"001"。

（6）调用程序"002"精铣型芯。依据型腔数控加工工序卡中顺序，安装精铣刀具 φ6R0.5 牛鼻刀，对刀、设定毛坯下表面为 $Z=0$，然后执行型芯精加工程序"002"。程序结束后，初步检测型芯尺寸精度，如图 12-4 所示。

图 12-4 初步检查精加工后型芯尺寸精度

（7）调用程序"003"铣分流道。依据型芯数控加工工序卡中顺序，安装 φ6R3 球刀，对刀、设定毛坯下表面为 $Z=0$，然后执行程序"003"，完成铣削分流道。

（8）调用程序"004"铣浇口。依据工序卡中顺序，安装 φ2 立铣刀，对刀、设定毛坯下表面为 $Z=0$，然后执行程序"004"，完成铣削浇口。

（9）调用程序"005"点孔。依据工序卡中顺序，安装 φ6 定心钻，对刀、设定毛坯下表面为 $Z=0$，然后执行程序"005"，点出顶杆孔与拉料杆孔的中心位置。

（10）型芯工件拆卸后倒角、清洗，去毛刺，如图 12-5 所示。

图 12 - 5　型芯使用油石去毛刺

（11）型芯半成品反面装夹。依据型芯控加工工序卡中工件装夹及坐标系示意图，反面装夹型芯半成品工件，使型芯加工坐标系方向与工序卡中工件加工坐标系方向一致，如图 12 - 6 所示。装夹时毛坯下面可以放等高块，平口钳夹住型芯二边的深度 19~21mm，并用百分表找正工件位置。

图 12 - 6　型芯半成品反面装夹

（12）使用寻边器分中，确定 G54 的 X、Y 零点位置与工序卡中规定的零位一致。

（13）调用程序"006"铣台阶。依据型芯数控加工工序卡中顺序，安装立铣刀 $\phi 8$，对刀、设定半成品工件上表面为 $Z=0$，然后执行型芯铣台阶程序"006"，程序结束后，初步检测型芯尺寸。

（14）遵守数控加工实训车间"7S"管理。数铣加工完成，工件拆卸、清理、去毛刺，清理数控铣床、整理工量具、打扫卫生。

（15）依据型芯 2D 工程图纸上的要求，仔细检测型芯的加工精度，如图 12 - 7 所示。

（16）填写型芯数控加工质量自检分析表 12 - 2。

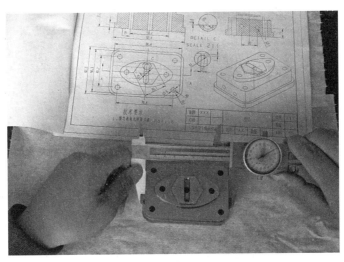

图 12 - 7　型芯加工质量自检

表 12 - 2　型芯数控加工质量自检分析表

学校：		实习班级：	
学生组号：		学生姓名：	
零件名称：	型芯	图号：	SX01 - 02
图样尺寸	自检尺寸	图样尺寸	自检尺寸
$86.39^{+0.035}_{+0.013}$		六边形高度：1.91 ± 0.01	
$86.39^{+0.03}_{0.011}$		型芯总高度： （每队都不同）	
$7^{+0.01}_{0}$			
异常情况	□尺寸超差、　□过切、　□形位公差超差、　□表面质量异常 其他_____		
原因分析			
改进措施			

每课寄语

　　为使模具实训室整洁、美观、有序，改善实训教学环境，提高学生模具专业技能的综合素养，请同学们自觉遵守学校模具实训室及模具数控加工车间的"7S"管理制度，7S管理包括：整理、整顿、清扫、清洁、素养、安全、节约。

任务评价

表 12 - 3 型芯零件数控加工评分表

学校:				实习班级:	
学生组号:				学生姓名:	
评分项目	评分要素		分值	评分标准	得分
数控加工前的准备工作	1. 零件毛坯		5	1. 拿错扣 5 分； 2. 没倒角、去毛刺，1 处扣 0.5 分，扣完为止	
	2. 技术文件		10	每错、漏 1 项，扣 5 分，扣完为止	
	3. 刀具		10	每错、漏 1 把，扣 2 分，扣完为止	
工件装夹、找正、对刀、建立工件坐标系	1. 应按数控加工工序卡中的要求装夹、找正工件		15	1. 装夹方位、深度不符合要求，不得分； 2. 水平找正超过 0.03mm，不得分	
	2. 应按数控加工工序卡中的要求建立工件坐标系		15	工件坐标系 G54 设置错误，不得分	
数控加工	应按数控加工工序卡中的要求调用程序、装夹刀具		15	程序调用错误或刀具装夹错误，不得分	
零件质量自检分析表	1. 自检尺寸； 2. 异常情况		10	每错 1 项，扣 2 分，扣完为止	
	1. 原因分析； 2. 改进措施		10	按陈述内容是否合理，酌情扣分	
安全文明生产	1. 每次实训应按规定穿戴劳保用品； 2. 应遵守数控铣床安全操作规程； 3. 实训过程中应遵守安全文明生产要求，无安全隐患； 4. 应遵守数控加工车间"7S"管理规定		10	1. 每出现 1 次不合规定行为扣 1 分，扣完为止； 2. 每出现 1 次安全事故，扣 5~10 分	
合计配分			100	合计得分	

任务 13

动模板的数控加工

任务内容

依据任务 5 绘制完成的动模板 2D 工程图、任务 10 编写的动模板数控加工程序以及动模板数控加工工序卡等技术文件，对动模板进行数控铣削加工，使之成为合格的模具成型零件。

教学视频 13

实训目标

1. 会选取动模板数控加工所需的技术文件，并挑选对应的刀具。
2. 会依据动模板数控加工工序卡中装夹示意图，在数铣上正确装夹、打表找正工件。
3. 会依据动模板数控加工工序卡正确调用程序、装夹刀具，完成动模板的加工。
4. 会处理简单的机床报警问题。
5. 会分析处理加工过程中出现的刀具磨损、断刀等异常情况。
6. 会对动模板数控加工中出现的质量异常，分析其产生的原因并提出改进措施。
7. 遵守数控加工车间"7S"管理。

实施步骤

（1）准备工作。学员在动模板数控加工实训前应准备好的物品见表 13 - 1。

表 13 - 1 动模板数控加工前的准备物品

序号	名称		规格	数量/工位
1	动模板毛坯		150×150×20	1
2	技术文件	动模板 2D 工程图纸	图号：SX01 - 03	1 张
3		动模板数控加工工序卡	表 10 - 1	1 张
4		动模板数控加工程序	G 代码文件	5 个

续表

序号	名称		规格	数量/工位
5		点孔刀	φ6 - 90 - 3T	1
6		钻头	φ11.7	1
7	刀具	立铣刀	D8 - 4T	1
8		牛鼻刀	D6R0.5 - 4T	1
9		铰刀	φ12	1

（2）使用计算机及数据线连接机床，把动模板数控加工程序传输到机床中，或使用 SD 数据存储卡，把动模板加工 5 个程序文件复制到数控铣床中，如图 13 - 1 所示。

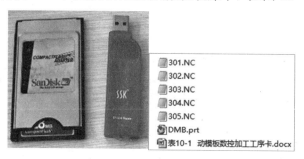

图 13 - 1　使用 SD 卡复制动模板加工程序文件

（3）装夹毛坯并找正。依据动模板数控加工工序卡中工件装夹及坐标系示意图，在数铣上正确装夹动模板毛坯（注意钢印方向），使毛坯加工坐标系方向与工序卡中工件加工坐标系方向一致，并用百分表找正工件位置，如图 13 - 2 所示。

图 13 - 2　动模板毛坯装夹及用百分表找正

（4）设置加工坐标系 G54。使用寻边器对动模板毛坯 X 轴、Y 轴分中，确定 G54 的 X 轴、Y 轴零点位置与动模板数控加工工序卡中规定的零位一致，如图 13 - 3 所示。

图 13-3 寻边器分中动模板、设置 G54 坐标零位

(5) 调用程序"301"点孔。依据动模板数控加工工序卡中顺序，安装 $\phi6$ 定心钻，对刀、设定毛坯上表面为 $Z=0$，然后执行程序"301"，点出导柱孔与工艺孔的中心位置。

(6) 调用程序"302"钻孔。依据工序卡中的顺序，安装 $\phi11.7$ 钻头，对刀设毛坯上表面为 $Z=0$，执行程序"302"钻 4 个导柱孔和 1 个工艺孔。

(7) 调用程序"303"粗铣。依据工序卡中的顺序，安装 $\phi8$ 立铣刀，对刀、设毛坯上表面为 $Z=0$，执行程序"303"粗铣动模板中导柱安装孔沉头部分及型芯的安装孔。

(8) 调用程序"304"精铣。依据工序卡中的顺序，安装 $\phi6R0.5$ 牛鼻刀，对刀、设毛坯上表面为 $Z=0$，执行程序"304"精铣动模板中导柱安装孔沉头部分及型芯的安装孔，程序结束后初步检测工件尺寸精度，如图 13-4 所示。

图 13-4 初步检查精加工后动模板尺寸精度

(9) 调用程序"305"铰孔。依据工序卡中的顺序，安装 $\phi12$ 铰刀，对刀、设毛坯上表面为 $Z=0$，执行铰孔程序"305"，然后利用新的 $\phi12$ 导柱检查 4 个导柱孔的铰孔质量。

(10) 遵守数控加工实训车间"7S"管理。数铣加工完成，工件拆卸、清理、去毛刺，清理数控铣床、整理工量具、打扫卫生。

(11) 依据动模板 2D 工程图纸上的要求，仔细检测动模板的加工精度，如图 13-5 所示。

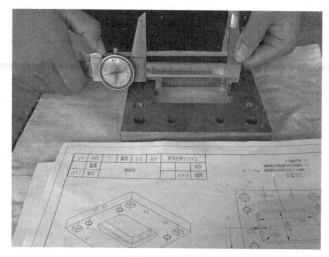

图 13 - 5　动模板加工质量自检

（12）填写动模板数控加工质量自检分析表 13 - 2。

表 13 - 2　动模板数控加工质量自检分析表

学校：		实习班级：	
学生组号：		学生姓名：	
零件名称：	动模板	图号：	SX01-03
图样尺寸	自检尺寸	图样尺寸	自检尺寸
$86.39_0^{+0.035}$		孔直径 $\phi 12_0^{+0.018}$	
$56.28_0^{+0.03}$		中心距 114 ± 0.01	
$7_{-0.01}^0$			
异常情况	□尺寸超差、　□过切、　□形位公差超差、　□表面质量异常 其他_____		
原因分析			
改进措施			

　每课寄语

　　模具的生产制造流程比较长，生产环境较差，工作强度较大，但模具是工业之母，它的发展能带动整个制造业前进。劳动不分贵贱，劳动创造价值，劳动最光荣！同学们要树立正确的劳动观念，自觉做一个吃苦耐劳、踏实肯干的新时代劳动者。

任务评价

表 13 - 3　动模板数控加工评分表

学校:			实习班级:	
学生组号:			学生姓名:	
评分项目	评分要素	分值	评分标准	得分
数控加工前的准备工作	1. 零件毛坯	5	1. 拿错扣 5 分; 2. 没倒角、去毛刺,1 处扣 0.5 分,扣完为止	
	2. 技术文件	10	每错、漏 1 项,扣 5 分,扣完为止	
	3. 刀具	10	每错、漏 1 把,扣 2 分,扣完为止	
工件装夹、找正、对刀、建立工件坐标系	1. 应按数控加工工序卡中的要求装夹、找正工件	15	1. 装夹方位、深度不符合要求,不得分; 2. 水平找正超过 0.03mm,不得分	
	2. 应按数控加工工序卡中的要求建立工件坐标系	15	工件坐标系 G54 设置错误,不得分	
数控加工	应按数控加工工序卡中的要求调用程序、装夹刀具	15	程序调用错误或刀具装夹错误,不得分	
零件质量自检分析表	1. 自检尺寸; 2. 异常情况	10	每错 1 项,扣 2 分,扣完为止	
	1. 原因分析; 2. 改进措施	10	按陈述内容是否合理,酌情扣分	
安全文明生产	1. 每次实训应按规定穿戴劳保用品; 2. 应遵守数控铣床安全操作规程; 3. 实训过程中应遵守安全文明生产要求,无安全隐患; 4. 应遵守数控加工车间 "7S" 管理规定	10	1. 每出现 1 次不合规定行为扣 1 分,扣完为止; 2. 每出现 1 次安全事故,扣 5~10 分	
合计配分		100	合计得分	

模具装配及抛光

模具装配

根据任务 4 完成设计的模具 3D 实体模型和任务书中客户提供的模具结构图要求，装配整副模具，包括装配成型零件、浇注系统、顶出机构、导向机构、冷却水路等零件。

14.1 装配定模部分

教学视频 14.1

 任务内容

根据任务 4 完成设计的模具 3D 实体模型和客户提供的模具结构图要求，装配模具型腔、浇口套、定位圈等零件。

 实训目标

1. 会合理安排浇口套装配工艺过程。
2. 熟悉浇口套安装工艺要点，能正确装配浇口套。
3. 熟悉定位圈安装工艺要点，能正确装配定位圈。
4. 遵守模具装配安全操作规范要求。
5. 遵守模具制作车间"7S"管理。

 实施步骤

（1）请根据表 14-1 定模部分装配的工艺要点，合理安排装配浇口套、装配定位圈的工艺过程。

表 14-1　定模部分装配工艺要点

学校·		实习班级：	
学生组号：		学生姓名：	
模具名称		日期：	
装配项目	工艺要点		
浇口套装配	1. 同轴度：定模板浇口套孔与定模座板浇口套孔同轴度公差 $\phi0.02$mm		
	2. 凸肩底面：与定位圈孔底面贴平		
	3. 锥孔大端端面：与型腔碰穿面有 $0.02\sim0.05$mm 间隙		
	4. 配合间隙：浇口套与浇口套孔配合 H7/m6		
	5. 锥孔大端：倒圆		
定位圈装配	1. 同轴度：定位圈安装孔与浇口套孔同轴度公差 $\phi0.04$mm		
	2. 深度：8mm 左右，实际按浇口套长度配做		
	3. 配合间隙：定位圈与定位圈孔配合间隙 $0.05\sim0.15$mm		

（2）装配浇口套。

1）用 4 个 M12×20 的螺钉把定模板和定模座板连接固定，注意钢印基准方向，如图 14-1 所示。

图 14-1　用螺钉把定模板和定模座板连接固定

2）用 $\phi9.7$ 钻头引出定模座板的浇口套孔位，如图 14-2 所示。

图 14-2　引出定模座板的浇口套孔位

3）用 ϕ10 机铰刀同时对定模座板与定模板中的浇口套孔铰孔，然后塞入浇口套检验铰孔质量，如图 14-3 所示。

图 14-3　塞入浇口套检验铰孔质量

（3）铣削加工定位圈孔。

1）铣削加工定模座板中 ϕ100 定位圈孔，深度在 8mm 左右，具体请按模板实际厚度与浇口套实际长度计算。定模座板中定位圈孔刀轨设计如图 14-4 所示。

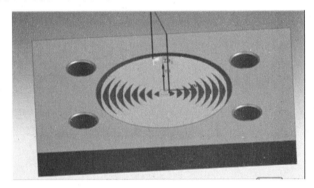

图 14-4　定模座板中定位圈孔刀轨设计

2）数控铣床装夹时请注意定模座板正反面方向，加工后的定位圈孔如图 14-5 所示。

图 14-5　加工后的定位圈孔

（4）把定模板和定模座板按顺序叠放，钢印对齐，先中间塞入浇口套，再拧紧 4 个 M12×20 的螺钉，最后放入 φ100 定位圈，如图 14-6 所示。装配完成后，浇口套端面应与型腔顶部碰穿面有一定的间隙，允许间隙量为 0.02～0.05mm。

图 14-6　装配完成后的定模部分

14.2　装配动模部分

 任务内容

根据任务 4 设计的模具 3D 实体模型和客户提供的模具结构图要求，装配模具型芯、顶杆、拉料杆等零件。

教学视频 14.2

 实训目标

1. 会合理安排顶杆、拉料杆装配工艺过程。
2. 熟悉型芯安装工艺要点，能正确装配型芯。
3. 熟悉顶杆、拉料杆安装工艺要点，能正确装配顶杆和拉料杆。
4. 遵守模具装配安全操作规范要求。
5. 遵守模具制作车间"7S"管理。

 实施步骤

（1）请根据表 14-2 动模部分装配的工艺要点，合理安排装配型芯、顶杆、拉料杆的工艺过程。

表 14 - 2　动模部分装配工艺要点

学校：		实习班级：
学生组号：		学生姓名：
模具名称		日期：
装配项目	工艺要点	
型芯装配	1. 安装底面：型芯底面与动模板底面相平，允许 0.02mm 正公差	
	2. 记号：型芯安装后作上基准记号，预防下次安装位置错误	
	3. 配合间隙：型芯与安装孔配合 H7/m6	
	4. 成型相关孔口：不能倒角	
	5. 分型面以上高度：型芯顶面与分型面高度 11.93mm	
	6. 避空：型芯台阶与安装孔台阶侧面间隙单边 0.5mm	
顶杆、拉料杆装配	1. 配合间隙：顶杆、拉料杆与孔之间配合 H7/f6	
	2. 杆与孔的配合面用作导向和封胶的配合长度：10mm	
	3. 配合面其余位置单边避空：0.25mm	
	4. 不同零件中同一顶杆孔的同轴度公差：$\phi 0.1mm$	
	5. 沉头深度：顶杆安装后不得有轴向窜动	
	6. 顶杆上端面：与成型表面相平，允许不超过 0.1mm 正公差，不能倒角	
	7. 拉料杆上端面：留冷料穴深度 5mm	
	8. 成型相关孔口：不能倒角	

（2）装配型芯。

1）清洗型芯→去毛刺→用铝棒轻轻把型芯敲入动模板方孔内。型芯侧面与方孔的配合间隙应小于塑料溢边值，可用塞尺检查；型芯底面与动模板表面应平齐，允许型芯底面高出 0.02mm，可用深度游标尺检查，如图 14 - 7 所示。

图 14 - 7　检查型芯

2）认准型芯镶块装入方向，打上钢印，做上记号，预防下次模具拆装时，型芯镶块位置方向装错，如图 14 - 8 所示。

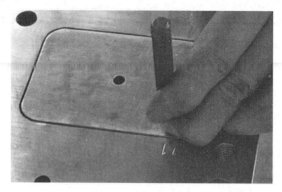

图 14-8　打上钢印作为型芯装配位置记号

（3）装配顶杆与拉料杆。

1）用精密平口钳装夹型芯，在钻床上钻出 φ5.8 的顶杆孔和拉料杆孔，如图 14-9 所示。

图 14-9　型芯上钻顶杆孔、拉料杆孔

2）把动模部分所有模板和复位杆都装入，拧紧所有螺钉，钻支承板上的顶杆孔和拉料杆孔，如图 14-10 所示。

图 14-10　支承板上钻顶杆孔、拉料杆孔

3）去毛刺，再用 502 胶水把顶杆固定板与支承板粘接，如图 14-11 所示。

图 14 – 11   502 胶水粘顶杆固定板与支承板

4）拆卸模脚，用 ϕ5.8 钻头从型芯镶块与支承板中引出顶杆固定板中所有顶杆孔和拉料杆孔，如图 14 – 12 所示。

图 14 – 12   引出顶杆固定板中顶杆孔与拉料杆孔

5）用 ϕ6.5 钻头对支承板顶杆孔与拉料杆孔扩孔。

6）用 ϕ6.5 钻头对顶杆固定板中顶杆孔与拉料杆扩孔，然后用沉孔刀钻安装顶杆的沉孔（注意模板的正反面方向，沉孔位置别打反了），沉孔深度应与顶杆台阶高度配合，如图 14 – 13 所示。

图 14 – 13   检验顶杆固定板中顶杆孔与拉料杆孔的沉孔深度

7）用 φ6 机铰刀从型芯反面对顶杆孔与拉料杆孔铰孔，再用 φ6.5 钻头扩孔，扩孔深度约为 15mm，顶杆孔与拉料杆孔留下 10mm 长度的封胶位，如图 14-14 所示。

图 14-14 型芯中顶杆孔与拉料杆孔的铰孔与扩孔

8）用顶杆检验铰孔质量，如图 14-15 所示。

图 14-15 用顶杆检验铰孔质量

9）倒角去毛刺、清理后，装入复位杆、拉料杆、顶杆，并检查各杆子配合松紧程度。注意模板按钢印顺序方向对齐，并再次检查顶杆固定板的沉孔深度，顶杆底面应与顶杆固定板表面平齐，不允许凸出表面，如图 14-16 所示。

图 14-16 顶杆底面应与顶杆固定板表面平齐

10）装配后，复位杆的高度应与分型面平齐，顶杆的高度应与型芯成型表面平齐，允许凸出 0.05～0.1mm，如图 14-17 所示。拉料杆高度应保证冷料穴深度在 5mm 以上，如果顶杆过高可用车床或线切割机加工长度，也可用顶杆切割机打磨。

图 14-17　顶杆高度与型芯表面平齐

（4）使用摇臂钻床钻出动模座板中心位置直径为 $\phi40\text{mm}$ 的注塑机顶杆过孔，如图 14-18 所示。

图 14-18　动模座板中心 $\phi40\text{mm}$ 注塑机顶杆过孔

14.3　加工冷却水路及水嘴的安装

 任务内容

根据任务 4 设计的模具 3D 实体模型和成型零件 2D 工程图，完成对定模板、动模板、型芯的冷却水路的加工及水嘴的安装。

教学视频 14.3

 实训目标

1. 会合理安排冷却水孔加工工艺过程。

2. 熟悉冷却水路加工及水嘴安装的工艺要点。

3. 能完成满足使用要求的冷却水孔的加工及水嘴的安装。

4. 遵守模具装配安全操作规范要求。

5. 遵守模具制作车间"7S"管理。

 实施步骤

（1）请根据表 14 - 3 冷却水路加工及水嘴安装的工艺要点，合理安排加工冷却水孔的工艺过程及水嘴的安装方法。

表 14 - 3　冷却水路加工及水嘴安装的工艺要点

学校：		实习班级：
学生组号：		学生姓名：
模具名称		日期：
装配项目	工艺要点	
冷却水路加工及水嘴安装	1. 冷却水孔壁与成型面距离不得太薄或太厚，既有足够的强度，又有良好的冷却效果	
	2. 冷却水孔壁与其他孔壁之间距离≥4mm，特殊情况不得小于 2.5mm	
	3 孔口螺纹不得烂牙，拧水嘴应包生料带防漏水	
	4. 冷却水孔往往为深孔加工，应预防钻头卡住、折断	
	5. 所有回路在 2～4MPa 压力下试水，不得漏水	

（2）依据型腔 2D 工程图中水路尺寸的要求划线→打样冲眼→φ5 加长钻头钻孔，如果钻头长度不够，孔可以两头对接，如图 14 - 19 所示。

图 14 - 19　加工定模板中冷却水孔

（3）冷却水孔二端攻 M6 螺纹，拧上 4 个冷却水嘴，为预防水路漏水，需在水嘴螺纹外包一层生料带，如图 14 - 20 所示。

（4）依据动模板 2D 工程图中水路尺寸的要求划线（预防冷却水孔位置误差过大，划线时应以中间方框孔的中心线为基准）→打样冲眼→φ8 钻头钻水嘴喉管过孔，如图 14 - 21 所示。

图 14-20　定模板水孔二端攻螺纹、安装水嘴

图 14-21　加工动模板中水嘴喉管过孔

（5）为了保证动模板中水路孔与型芯中的水路孔同轴度误差，应该对动模板先清理去毛刺，然后装入型芯（注意型芯装入方向），用 502 胶水粘住固定，再用 $\phi 8$ 钻头引出型芯冷却水孔位置，如图 14-22 所示。

图 14-22　引出型芯冷却水孔位置

（6）用φ5钻头加工型芯中的冷却水孔，如图14-23所示。

图14-23　加工型芯冷却水孔

（7）去毛刺倒角后，用M6丝锥加工型芯冷却水孔二端M6螺纹，如图14-24所示。

图14-24　加工型芯冷却水孔二端攻螺纹

（8）再把型芯装入动模板中，拧上水嘴喉管，并检查水压有否漏水，如图14-25所示。

图14-25　型芯冷却水孔中装入水嘴喉管

14.4 模具总装配

任务内容

教学视频 14.4

根据任务 4 设计的模具 3D 实体模型和客户提供的模具结构图要求，把成型零件、导向零件、浇注系统、顶出机构、复位机构、冷却水路、吊环、锁模条等模具的所有零件都装入模架中，完成整副模具的总装配任务。

实训目标

1. 会合理安排模具总装的工艺过程。
2. 熟悉模具总装的工艺要点。
3. 能熟练正确地完成整副模具的组装任务。
4. 遵守模具装配安全操作规范要求。
5. 遵守模具制作车间"7S"管理。

实施步骤

（1）请根据表 14-4 模具总装的工艺要点，合理安排模具总装的工艺过程。

表 14-4 模具总装的工艺要点

学校：		实习班级：
学生组号：		学生姓名：
模具名称		日期：
装配项目	**工艺要点**	
基准标记	方位统一	
螺钉连接	应紧固可靠，螺钉沉头应低于模板表面 0.5mm	
导向机构	定位准确，合模、开模动作灵活可靠	
顶出机构与复位机构	活动灵活可靠，无歪斜、卡滞现象，复位杆上端面与定模板接触面允许有≤0.05mm 的间隙	
分型面	应配红丹，红丹配合面积应不小于封胶面积的 75%，且分型面水平自重条件下，贴合间隙应不大于 0.03mm	
动模座板与定模座板	动模座板与定模座板的安装平面在水平自重条件下的平行度，不应大于 0.06mm	
运输、吊装	应装锁模条、吊装螺钉	

（2）对所有模板、成型零件、标准零件再次清洗、清理，并准备好装配模具所需内六角扳手、铜棒等工具，如图 14-26 所示。

图 14 - 26　整理所有零件准备模具总装

（3）用铜棒轻轻敲击导柱，把 4 根 $\phi12\times45$ 导柱敲入动模板的导柱安装孔内，使导柱底面与动模板表面平齐，允许低 0.1mm 以内，如图 14 - 27 所示。

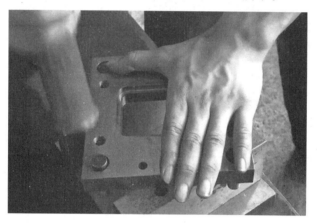

图 14 - 27　4 根导柱敲入动模板

（4）用铜棒轻轻敲击型芯，装入动模板内，注意钢印方向，型芯位置不要装反，如图 14 - 28 所示。

图 14 - 28　型芯装入动模板

（5）在动模板后面按顺序放入支承板和顶杆固定板，注意钢印位置与方向，然后分别插入 1 根 φ6 拉料杆、4 根 φ8 复位杆、6 根 φ6 顶杆，如图 14-29 所示。

图 14-29　装入拉料杆、复位杆、顶杆

（6）按钢印位置方向，装入推板，拧紧 4 个 M6×18 螺钉，如图 14-30 所示。

图 14-30　装入推板

（7）按顺序装入垫块与动模座板，注意钢印位置方向，并拧紧 4 个 M6×18 螺钉和 M12×108 螺钉，如图 14-31 所示。

图 14-31　装入垫块与动模座板

(8) 用双手推动顶板，检验顶出机构活动是否灵活，如图 14-32 所示。

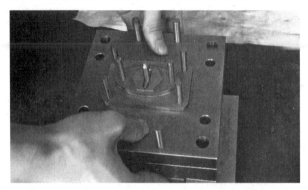

图 14-32 检验顶出机构活动是否灵活

（9）把定模板与定模座板按顺序叠放，注意钢印方向一致。把浇口套插入浇口套口内，用铜棒轻轻敲紧，再拧紧 4 个 M12 螺钉，最后放入定位圈，如图 14-33 所示。

图 14-33 把浇口套与定位圈装入定模

（10）用毛刷在型腔分型面与碰穿面上均匀地涂上一层薄薄的红丹，红丹黏度应调得适中，不能太厚。然后将上模与下模合在一起，用铜棒大力敲击上模，使得上模与下模分型面闭合。用塞尺检验分型面间隙，间隙应小于 0.03mm。最后再分开上模与下模，检查下模的红丹印记情况，整个分型封胶面与型芯碰穿面都应有红丹印记，红丹分布要均匀。涂红丹检查分型面间隙，如图 14-34 所示。

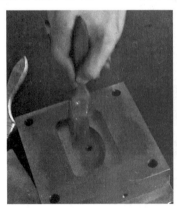

图 14-34 涂红丹检查分型面间隙

（11）使用模具清洗剂清洗红丹，对成型面、分型面、流道、活动面等重要表面上润滑油防锈，合模后装上吊环与锁模条，等待模具成型表面镜面抛光。

 每课寄语

　　模具的拆装需要严格遵守操作规范，安全有序进行。尤其在装配时，更要认真仔细地识别基准，按规定方向和顺序逐一安装，切勿遗漏零部件或搞错方向，否则会导致安装失败，甚至损坏整副模具。

任务评价

表 14-5 模具装配评分表

学校:			实习班级:	
学生组号:			学生姓名:	
评分项目	评分要素	分值	评分标准	得分
模具装配工艺要点表	1. 定模部分装配工艺要点表; 2. 动模部分装配工艺要点表; 3. 冷却水路加工及水嘴安装工艺要点表; 4. 模具总装工艺要点表	20	每漏填或不合理 1 条,扣 1 分,扣完为止	
浇口套装配	1. 定模板浇口套孔与定模座板浇口套孔同轴度公差 ϕ0.02mm; 2. 凸肩底面应与定位圈孔底面贴平; 3. 锥孔大端端面应与型腔碰穿面有 0.02~0.05mm 间隙; 4. 浇口套与浇口套孔配合 H7/m6; 5. 锥孔大端应倒圆	5	1. 每错或不合理 1 处,扣 1 分,扣完为止; 2. 如浇口套装不进或者配合间隙≥0.1mm,本评分项目不得分,整体赋分 0; 3. 如因浇口套装配不满足使用要求导致无法正常试模,本评分项目不得分,整体赋分 0	
定位圈装配	1. 定位圈安装孔与浇口套孔同轴度公差 ϕ0.04mm; 2. 深度 8mm 左右,实际按浇口套长度配做; 3. 定位圈与定位圈孔配合间隙 0.05~0.15mm	5	1. 以上每错或不合理 1 处,扣 2 分,扣完为止; 2. 如因定位圈装配不满足使用要求导致无法正常试模,本评分项目不得分,整体赋分 0	
型芯装配	1. 型芯底面与动模板底面相平,允许 0.02mm 正公差; 2. 型芯安装后作上基准记号,预防下次安装位置错误; 3. 型芯与安装孔配合 H7/m6; 4. 成型相关孔口不能倒角; 5. 型芯顶面距分型面高度 11.93mm; 6. 型芯台阶与安装孔台阶侧面间隙单边 0.5mm	10	1. 每错或不合理 1 处,扣 1 分,扣完为止; 2. 单边间隙>0.05mm,本评分项目不得分,整体赋分 0; 3. 单边间隙>0.2mm,不允许试模	
顶杆、拉料杆装配	1. 顶杆、拉料杆与孔之间配合 H7/f6; 2. 杆与孔的配合长度 10mm; 3. 配合面其余位置单边避空 0.25mm; 4. 同一杆子的所有孔同轴度公差 ϕ0.1mm; 5. 顶杆安装后不得有轴向窜动; 6. 顶杆上端面与成型表面相平,允许不超过 0.1mm 正公差,不能倒角; 7. 拉料杆上端面留冷料穴深度 5mm; 8. 成型相关孔口不能倒角	10	1. 每错或不合理 1 处,扣 1 分,扣完为止; 2. 如有杆子与封胶面配合间隙≥0.1mm 或配合长度≤3mm,本评分项目不得分,整体赋分 0; 3. 顶杆、拉料杆安装数量与设计数量不符,本评分项目不得分,整体赋分 0	

续表

评分项目	评分要素	分值	评分标准	得分
冷却水路加工及水嘴安装	1. 冷却水孔壁与成型面距离不得太薄或太厚； 2. 冷却水孔壁与其他孔壁之间距离≥4mm，特殊情况不得小于2.5mm； 3. 孔口螺纹不得烂牙，拧水嘴应包生料带防漏水； 4. 冷却水孔常为深孔加工，应防钻头卡住、折断； 5. 所有回路在2～4MPa压力下试水，不得漏水	10	1. 每错或不合理1处，扣1分，扣完为止； 2. 如打穿其他孔，本评分项目不得分，整体赋分0； 3. 如冷却水路内部漏水，本评分项目不得分，整体赋分0； 4. 如打穿成型面，本评分项目不得分，整体赋分0	
基准标记	方位统一	2	如有1处不合要求，不得分	
螺钉连接	1. 数量齐全； 2. 应紧固可靠，螺钉沉头应低于模板表面0.5mm	5	1. 每错或不合理1处，扣0.5分，扣完为止； 2. 如少安装1个螺钉，本评分项目不得分，整体赋分0	
活动机构	活动灵活，无卡滞现象	7	1. 每有1处不合要求，扣3.5分，扣完为止； 2. 如出现卡死现象，不允许试模	
分型面	1. 红丹配合面积应不小于封胶面积的75%； 2. 分型面水平自重条件下，贴合间隙应不大于0.03mm	7	1. 不合要求，不得分； 2. 贴合间隙≥0.1mm，不允许试模	
动、定模座板的安装平面	水平自重条件下的平行度，应不大于0.06mm	7	1. 不合要求，不得分； 2. 平行度≥0.1mm，不允许试模	
运输、吊装	应装锁模条、吊装螺钉	2	每少或不合理1处，不得分	
安全文明生产	1. 每次实训应按规定穿戴劳保用品； 2. 应遵守模具装配安全操作规范； 3. 实训过程中应遵守安全文明生产要求，无安全隐患； 4. 应遵守模具装配车间"7S"管理规定	10	1. 每出现1次不合规定行为扣1分，扣完为止； 2. 每出现1次安全事故，扣5～10分	
合计配分		100	合计得分	

成型零件表面抛光

任务内容

教学视频 15

依据塑料制件工程图以及任务书中客户对塑料产品的表面要求，使用油石、砂布、橡皮轮、羊毛磨头、钻石研磨膏和气动抛光工具对模具型芯、型腔的成型表面镜面抛光。

实训目标

1. 会合理安排型腔、型芯成型表面的抛光工艺过程。
2. 熟悉成型表面镜面抛光的工艺要点。
3. 能熟练使用油石、砂纸、羊毛磨头、气动工具等抛光工具。
4. 能合理选用油石、砂布、橡皮轮、钻石研磨膏等粒度的粗细，完成成型表面的镜面抛光。
5. 遵守模具抛光安全操作规范要求。
6. 遵守模具制作车间"7S"管理。

实施步骤

（1）请根据表15-1成型零件表面抛光的工艺要点，合理安排对模具型芯、型腔的成型表面进行镜面抛光的工艺过程。

（2）选用粒度♯150或♯200的油石粗抛型芯成型表面（如果铣削表面粗糙度良好，油石可以先从粒度♯400开始选用），均匀地去除一层铣削留下的刀痕，再依次用粒度为♯600、♯800、♯1200的油石抛光成型表面，后一工序去除前一工序留下的抛痕，如图15-1所示。

表 15 - 1 成型零件表面抛光过程及工艺要点

学校:			实习班级:	
学生组号:			学生姓名:	
模具名称			日期:	
抛光过程	粗抛	1.（油石）：♯180、♯240、♯320、♯400、♯600、♯800、♯1000，按粗到细顺序选用 2. 煤油及清洗剂：润滑、清洗作用		
	半精抛	1.（砂纸）：♯400、♯600、♯800、♯1000、♯1200、♯1500，按粗到细顺序选用 2. 煤油及清洗剂：润滑、清洗作用 3. 或者使用橡皮轮代替砂纸		
	精抛	1.（钻石研磨膏）：♯1800、♯3000、♯8000、♯14000、♯60000、♯100000，按粗到细顺序选用 2. 羊毛磨头、煤油、清洗剂等		
工艺要点	1. 换不同号油石、砂纸、研磨膏时，必须把抛光表面清洗干净			
	2. 换不同号油石、砂纸时，抛光方向应变换 45°～90°			
	3. 表面无微型波浪、无起伏不平			
	4. 棱角、曲面应保持原来形状，不变形不走样			
	5. 拔模面不能出现倒扣，孔口部不反口、不翻边			

图 15 - 1 型芯表面粗抛

（3）用油石选用同样的方法对型腔的成型表面进行粗抛研磨，如图 15 - 2 所示。

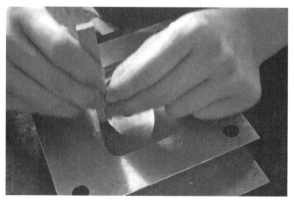

图 15 - 2 型腔表面粗抛

（4）使用气动工具，装夹橡皮轮，如图 15 - 3 所示。

图 15 - 3　气动抛光工具装夹橡皮轮

（5）双手握住气动工具，用圆柱形橡皮轮对型腔侧面进行半精抛光，注意用力轻柔均匀，移动要平稳，不要破坏型腔分型面棱边，如图 15 - 4 所示。

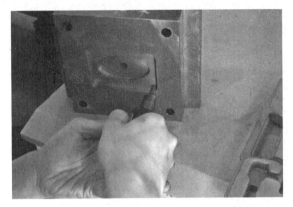

图 15 - 4　气动抛光工具半精抛型腔侧面拔模面

（6）双手握住气动工具，用圆锥形橡皮轮对型腔底面进行半精抛光，注意用力轻柔均匀，移动要平稳，如图 15 - 5 所示。

图 15 - 5　圆锥形橡皮轮半精抛型腔底面

（7）换上羊毛磨头，如图 15 - 6 所示。

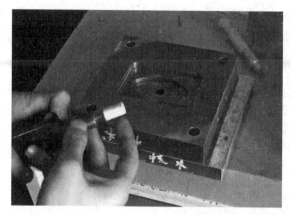

图 15 - 6 气动工具装上羊毛磨头

（8）在型腔表面挤上研磨膏，用气动工具高速旋转羊毛磨头精抛型腔表面，如图 15 - 7 所示。

图 15 - 7 羊毛磨头研磨膏精抛型腔

（9）研磨膏从粗到细依次使用，最后用镜面钻石研磨膏镜面抛光表面至 Ra0.4，清理清洗干净后，用表面粗糙仪对比检查，型腔表面能清晰地照出皮肤表面纹理，如图 15 - 8 所示。

图 15 - 8 镜面钻石研磨膏镜面抛光型腔表面

（10）型芯表面抛光与型腔抛光方法相同。型芯型腔表面喷上防锈剂，各活动摩擦表面涂上润滑剂，然后合上模具，等待去注塑机试模，如图 15-9 所示。

图 15-9　成型表面涂上润滑剂后合模

 每课寄语

当你在设计模具和制作模具的过程中，遇到困难和问题要敢于面对，要有创新意识、创新思维，不断地用创新的方法去解决困难和问题。

任务评价

表 15 - 2　模具零件表面抛光评分表

学校:			实习班级:	
学生组号:			学生姓名:	
评分项目	评分要素	分值	评分标准	得分
机械抛光过程及工艺要点表	1. 抛光过程	15 分	每漏填或不合理 1 格,扣 5 分,扣完为止	
	2. 工艺要点	15 分	每漏填或不合理 1 格,扣 3 分,扣完为止	
型腔表面抛光	成型表面粗糙度达 Ra0.4	25 分	每有 1 处不达标扣 2 分,扣完为止	
型芯表面抛光	1. 成型表面粗糙度达 Ra0.4	20 分	每有 1 处不达标扣 2 分,扣完为止	
	2. 分流道、浇口、顶杆孔粗糙度达 Ra1.6	5 分	每有 1 处不达标扣 1 分,扣完为止	
分型面抛光	粗糙度达 Ra1.6	10 分	每有 1 处不达标扣 1 分,扣完为止	
安全文明生产	1. 每次实训应按规定穿戴劳保用品; 2. 应遵守机械抛光安全操作规范; 3. 实训过程中应遵守安全文明生产要求,无安全隐患; 4. 应遵守模具装配车间"7S"管理规定	10 分	1. 每出现 1 次不合规定行为扣 1 分,扣完为止; 2. 每出现 1 次安全事故,扣 5～10 分	
合计配分		100	合计得分	

模具试模

 任务 16

注塑成型

 任务内容

　　在企业师傅的指导下，学生把模具安装固定到注塑机上，经过适当的调整和参数的设置，最后注塑成型 10 个合格的塑料产品，并填写注塑成型过程实训单和塑料制品自检与缺陷分析表。

教学视频 16

 实训目标

1. 熟悉注塑机的结构组成及注塑成型工艺过程。
2. 能在师傅的技术支持下把模具安装固定到注塑机上。
3. 能填写注塑成型过程实训单。
4. 会根据制件质量调整注塑参数。
5. 遵守注塑机安全生产操作规程要求。
6. 遵守注塑车间"7S"安全生产管理。

 实施步骤

　　(1) 熟悉注塑机的结构组成，如图 16 - 1 所示。
　　(2) 熟悉塑料注塑成型工艺过程，如图 16 - 2 所示。

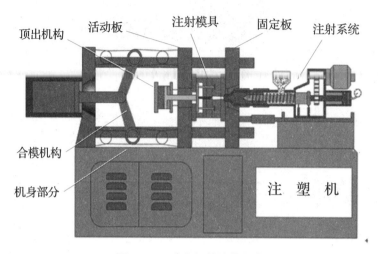

图 16-1　注塑机的结构组成

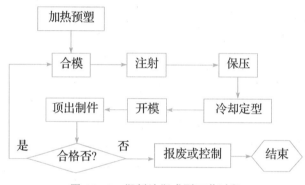

图 16-2　塑料注塑成型工艺过程

（3）熟悉螺杆式注塑装置的工作原理。

1）塑料从料斗落入料筒的加料口，依靠螺杆的转动将其曳入并向前输送，同时，通过料筒的加热和螺杆的剪切摩擦作用逐渐塑化。

2）塑化的熔料被输送到螺杆前端。随着螺杆的转动，塑料不断被塑化，塑化的熔料在喷嘴处越集越多，压力也越来越大，在熔料压力的作用下，螺杆边转边退，螺杆后退的背压（即后退时的反压力，其大小可通过背压阀调节）可以根据塑料的品种和成型工艺的要求进行调节。

3）当螺杆前端的熔料达到所需注射量（即螺杆后退到一定距离）时，撞击行程开关（计量装置），使螺杆停止转动。然后，开始注射。

4）注射时压力油进入注射液压缸推动活塞带动螺杆以一定的速度和压力将熔料注入模腔，随后进行保压补料，保压结束后开始第二次循环。

由于这种注射装置在加料塑化时，螺杆转动并且后退；在注射时，螺杆前进，所以称之为往复螺杆式注射装置。

（4）熟悉注塑机的安全生产规程。

"安全第一"是生产一线最常用的标语。操作者在生产过程中若想得到有效的安全保护，就必须按操作程序去检查和维护注塑机的安全保护装置，并严格遵守各项操作规程。

为了保护操作人员的人身安全，不发生工伤事故，螺杆式（卧式）注塑机通常配置了三重安全保护装置：

1）电气安全装置——安全门下的限位开关和紧急制动按钮（大红色按钮）。

2）机械安全装置——安全门上方的保险杆。

3）液压安全装置——安全门上的合模油路阀门。

另外，近些年还出现了一些先进的安全设备，如红外线安全装置、机械手臂等。

操作注塑机要严格遵守安全操作规程，这样才能防止事故的发生，**特别提醒：1 台机器同时只能由 1 人操作**。

另外还要注意以下几条：

1）开机前必须要检查每日保养事项是否符合要求；

2）开电机时，若油温在 20℃ 以下，必须使电机空转半小时（无负载），使油温提升到 25℃ 才能开始正常生产。

3）模具没有完全闭合锁紧严禁射座前进，以免料筒撞坏模具。

4）料筒温度未达设定温度时，严禁转动螺杆及注射。

5）螺杆注射完成转为加料时中间必须延迟 0.5s，否则会减少螺杆使用寿命。

6）切勿使金属屑掉入料筒内，以免料筒受到破坏。

7）冷却器必须要导入冷却水，确保成型条件正常（冷却水开关要打开）。

8）严禁拆下任何安全护罩或是在安全开关失效情况下操作机台。

9）停机前必须将料筒内的塑料完全射出，螺杆抽胶到加料位置。

10）停机前严禁将模具完全闭合，以免四支哥林柱（拉杆）拉伸疲劳，减少使用寿命（使机器在放松状态）。

11）停机前射座要退后，料筒的喷嘴不可碰触模具。

（5）了解塑料的分类和热塑性塑料的热力学性能。

塑料是以高分子合成树脂为基本原料（从石油或天然气中提炼出来的合成树脂），加入一定量的添加剂而组成是一种高分子的聚合物，如图 16-3 所示。

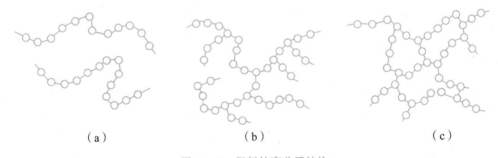

（a） （b） （c）

图 16-3 塑料的高分子结构

塑料按成型方式来分，可分为热塑性塑料和热固性塑料。聚合物的分子结构不同，其性质也不同。

1）线性聚合物［见图 16-3（a）、(b)］的物理特性为具有弹性和塑性，在适当的溶剂中可溶解，当温度升高时，则软化至熔化状态而流动，可以反复成型，这样的聚合物具有热塑性。如：聚乙烯 PE、聚丙烯 PP、聚氯乙烯 PVC、聚苯乙烯 PS、ABS、聚酰胺 PA、聚甲醛 POM、聚碳酸酯 PC、有机玻璃、聚砜、氟塑料等都属于热塑性塑料。

2）体型聚合物［见图 16 - 3 （c）］的物理特性是脆性大、弹性较高和塑性很低，成型前是可溶和可熔的，而一经硬化成型（化学交联反应）后，就成为不溶不熔的固体，即便在更高的温度下（甚至被烧焦碳化）也不会软化，因此，又称这种材料具有热固性。如：酚醛塑料、氨基塑料、环氧塑料、有机硅塑料、硅酮塑料等属于热固性塑料（俗称胶木）。

塑料的注塑成型过程，实际上就是塑料的热力学状态的相互转变过程，塑料的热力学三种状态为：玻璃态、高弹态、粘流态。

热塑性塑料的热力学性能：

1）受热稳定性：根据塑料的受热稳定性可将塑料分为非热敏性塑料和热敏性塑料。

2）黏度：塑料的黏度即流动性，受温度的影响很大。一般塑料的温度高流动性就好。

3）塑料的分子取向：塑料产品的力学性能随着不同的分子取向而变化，表现出各向异性。

4）聚合物的聚集态：热塑性塑料根据聚集态结构不同可分为非结晶态塑料和半结晶态塑料。非结晶态塑料多数是透明和坚硬的，收缩小；半结晶态塑料多数为非透明，韧性高、收缩大。

5）塑料的相容性：若两种塑料分子结构或分子极性相近，则容易相容，若两种分子结构完全不同的塑料发生互相混熔，即会出现产品料壁分层和脆弱现象。

6）塑料的毒性：包括加工生产的毒性和对卫生及环保的有害性。塑料基体本身是不会产生毒性的，有害物质主要与添加剂有关。

7）塑料的收缩性：通常将产品在模具内的收缩过程称为前期收缩；将产品取出模外后的收缩过程称为后期收缩；将产品取出模外后再经过二次加工（印刷、烫印、喷涂电镀等）的收缩过程称为后处理收缩。前期收缩一般是冷却收缩、取向收缩、晶相收缩作用引起的；后期收缩通常是塑料制件内部的残余应力和出模温度与环境或冷却介质温度之差引起的。要控制收缩率，主要要依赖注射工艺条件来保证，可通过调整模温、料温、注射时间、保压压力和时间、冷却时间、注射压力和注射速度等工艺参数来实现。

（6）熟悉注射工艺的主要参数。

在生产中，工艺条件的选择和控制，是保证成型顺利和制品质量的关键。注塑成型最主要的工艺参数是：温度、压力、时间。

1）温度参数：

温度 {
料筒温度：应控制在熔点与分解温度之间 {
前段温度——高
中段温度——中
后段温度——低
}
喷嘴温度：比料筒温度略低，但要注意流涎和冷料堵塞现象
模具温度：对熔体在模内的流动和制品的内在性能及表面质量影响很大，应低于塑料的玻璃化温度或热变形温度，以保证熔体凝固定型和脱模
}

2）压力参数：

压力 {
背压：可解决混色不良、气纹气泡、制件的重量不稳定等，一般低于 0.5MPa
注射压力：主要对塑件的成型尺寸精度和内应力及密度等有直接影响
保压压力：作用是阻止模腔内塑料倒流，防止塑料的收缩和减少气泡。当塑件成型至 95%～98% 时，注射可转换在保压，余下 2%～5% 的料量用保压来补充，可有效减少内应力，提高成型精度。保压值通常取充模压力最高值的 50%～60%
}

3）时间参数：

$$时间\begin{cases}注射时间：塑料填充模腔需一定时间，注射速度越快，注射时间就越短，\\ \qquad\qquad 一般注射只需几秒钟时间\\ 保压时间：保压开始一直到浇口附近的塑料完全凝固硬化所需的时间\\ 冷却时间：注射及保压结束后，便立即进入冷却时间，也就是螺杆后退\\ \qquad\qquad 开始一直到模具开模的这一段时间\end{cases}$$

（7）在师傅的现场指导协助下，学生使用吊装葫芦安全地把模具吊上注塑机，如图 16-4 所示。

图 16-4　吊装葫芦把模具吊上注塑机

（8）使定位圈套入机器定位圈孔，并用压板螺钉安装固定模具，定模部分与动模部分各装 4 块压板，如图 16-5 所示。

图 16-5　用压板螺钉固定模具

（9）根据不同的塑料材料、制件大小、制件质量要求，设置调整注塑参数，如图 16-6 所示。

图 16 - 6 设置调整注塑参数

（10）经过加热、合模、注射、保压、冷却定型、开模、顶出制件等工艺过程（注意安全生产规程），试出制品，如图 16 - 7 所示。

图 16 - 7 注塑成型顶出产品

（11）最后能做出 10 个以上合格的塑料制品，上交 5 个产品，至少需要 1 个以上制品是带有料柄的，便于老师检查，如图 16 - 8 所示。

（12）填写表 16 - 1 所示模具注塑成型过程实训单。

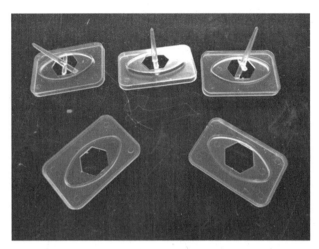

图 16 - 8　上交的塑料制品

表 16 - 1　模具注塑成型过程实训单

塑料名称		小组编号			小组成员名单	
		参考数据	实际数据			
预热和干燥	温度/℃				塑料密度	
	时间/h				熔点	分解温度
料筒温度/℃	后段				收缩率	
	中段				模具信息	
	前段					
喷嘴温度/℃					模具外形尺寸	
模具温度/℃					塑料制品重量	
注射压力/MPa					模具类型	
成型时间/s	注射时间				穴数	
	保压时间				浇口类型	
	冷却时间				定位圈大小	
	总周期				顶出距离	
注塑成型过程						

学生自检	（组长签名）	老师检验	（老师签名）

（13）试模成功后，根据客户对塑料制品质量精度的要求，使用合理的检测手段对塑料

制品自检，并填写塑料制品质量自检与缺陷分析表 16 - 2。

表 16 - 2　塑料制品质量自检与缺陷分析表

实训小组编号：		小组成员名单：	
序号	图样尺寸	学生自检测量值	教师检验
1	$90^{0}_{-0.48}$		
2	$60^{0}_{-0.40}$		
3	$12^{0}_{-0.26}$		
4	$7^{0}_{-0.24}$		
5	$28^{+0.32}_{0}$		
6	$2^{0}_{-0.20}$		
缺陷	判断	缺陷	判断
飞边		开裂	
凹陷		夹线	
缩痕		变形	
银丝		冲射纹	
穴注		冷料痕	
熔接痕		烧伤	
气泡		制件拉伤	
产生缺陷的原因			

 每课寄语

　　我们应大力弘扬劳模精神和工匠精神，营造劳动光荣的社会风尚和精益求精的敬业风气。在模具行业中，有很多将技艺融入工作、以匠心成就经典的模具大师，推动着我国模具水平高质量发展。同学们在模具实训中应以极致、传承、责任、专注、坚守、创新精神来体现自己对模具专业的热爱与敬业。

 任务评价

表 16 - 3　模具试模评分表

学校:			实习班级:		
学生组号:			学生姓名:		
评分项目	评分要素	分值	评分标准		得分
注塑成型过程实训单	1. 试模相关数据	20分	每漏填或不合理1格扣1分,扣完为止		
	2. 注塑成型过程	10分	工艺过程顺序错误,不得分		
塑料制品质量自检与缺陷分析表	1. 尺寸检验	18分	1. 学生自检,每错1个扣1分 2. 老师检验,每错1个扣2分		
	2. 缺陷判断	6分	每错、漏判1个扣2分,扣完为止		
	3. 缺陷原因分析	6分	每错、漏1条扣2分,扣完为止		
模具吊装	在老师或企业导师指导下,学生把模具安装固定到注塑机上	30分	1. 没装或装错定位圈、锁模条扣5分; 2. 每出现1次操作不合规范,扣2分,扣完为止		
安全文明生产	1. 每次实训应按规定穿戴劳保用品; 2. 应遵守模具试模安全操作规范; 3. 实训过程中应遵守安全文明生产要求,无安全隐患; 4. 应遵守注塑车间"7S"管理规定	10分	1. 每出现1次不合规定行为扣1分,扣完为止; 2. 每出现1次安全事故,扣5~10分		
合计配分		100	合计得分		

模具检测

塑料制件的激光检测

教学视频 17

任务内容

由于塑料产品其自身的特点，使用普通的量具、普通的检测手段难以获得精确的塑料制件的精度数据。有条件的学校可以用激光扫描仪对塑料制件进行非接触式的精密检测，分析其尺寸精度和变形情况，以判断塑件是否满足客户对产品的精度要求。

实训目标

1. 能根据客户指定的塑件精度要求，确定出检测所需的塑件产品主要尺寸及偏差。
2. 能对塑件合理地喷涂反差增强剂和正确地贴标志点。
3. 会对手持式激光扫描仪设备标定及扫描参数设置。
4. 会用手持式激光扫描仪对塑件进行扫描，采集数据。
5. 能用 Geomagic 软件对点云软件进行数据分析并生成检测报告。

实施步骤

（1）塑料制件的几何参数根据客户的要求给定，该塑件的有关尺寸公差，按塑料制件 MT2 - B 级精度标准。在分析比对检测时，重点检测这些尺寸。检测前先把该部分尺寸和偏差填入表 17 - 1。

表 17 - 1　塑料制件尺寸及偏差表

塑件公称尺寸	型腔相关尺寸及偏差标注
外形尺寸 90	$90^{0}_{-0.48}$
外形尺寸 60	$60^{0}_{-0.40}$
高度尺寸 12	$12^{0}_{-0.26}$
台阶高度 7	$7^{0}_{-0.24}$
六边形 28	$28^{+0.32}_{0}$
圆弧半径 48	$48^{0}_{-0.36}$
圆弧半径 10	$10^{0}_{-0.24}$
壁厚 2	$2^{0}_{-0.20}$

（2）扫描前期准备工作。

1）本任务采用的是杭州中测科技有限公司的手持式激光扫描仪，型号为 BYSCAN350，如图 17 - 1 所示。

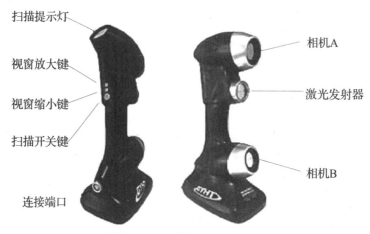

扫描提示灯　　　　　　　　　　　　相机A

视窗放大键

视窗缩小键　　　　　　　　　　　　激光发射器

扫描开关键

　　　　　　　　　　　　　　　　　相机B

连接端口

图 17 - 1　手持式激光扫描仪

2）使用反差增强剂对塑件表面进行喷粉处理，干燥后可形成一层白色薄膜，增强视觉反差，如图 17 - 2 所示。

图 17 - 2　反差增强剂

3）均匀喷涂薄薄的一层即可，不要近距离喷涂，如图 17-3 所示。

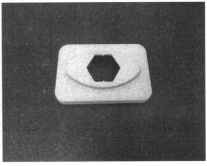

图 17-3　使用反差增强剂对塑件表面进行喷粉处理

4）对喷涂后的塑件表面要贴上标志点，标志点的作用是利用两次拍摄之间的公共点来实现两次拍摄数据的拼接（公共点要求 4 个及以上），如图 17-4 所示。

图 17-4　喷涂后的塑件表面贴标志点

（3）扫描仪快速标定。

开始扫描前应先标定系统，标定的精度将直接影响扫描的精度。

快速标定页面如图 17-5 所示。

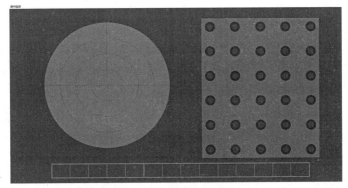

图 17-5　快速标定页面

1）将标定板放置在稳定的平面，扫描仪正对标定板，相机距离标定板 300mm 左右，如图 17-6 所示。

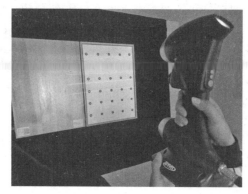

图 17 - 6　扫描仪正对标定板进行标定

2）控制扫描仪角度，调整扫描仪与标定板的距离，使左侧的阴影圆重合，然后不改变角度，水平移动扫描仪，使右侧的梯形阴影重合，此步骤共 10 步，如图 17 - 7 所示。

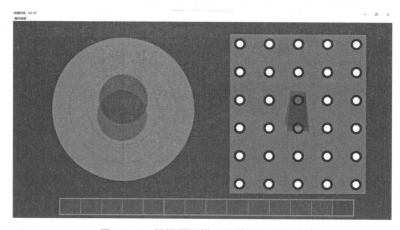

图 17 - 7　根据页面提示调整至阴影重合

3）进入下一步标定，将扫描仪向右倾斜 45°，使阴影重合，向左倾斜扫描仪 45°，使阴影重合。向下倾斜扫描仪 45°，使阴影重合，向上倾斜扫描仪 45°，使阴影重合。标定完成后单击右上角关闭视窗，如图 17 - 8 所示。

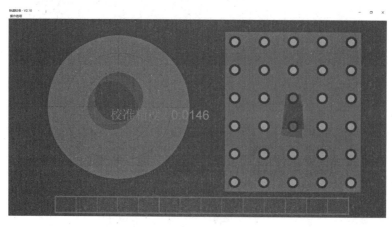

图 17 - 8　校准成功

（4）扫描参数设置。根据扫描对象，设置不同的解析度，解析度越小扫描细节越丰富，数据量也越大，如图 17-9 所示。

（5）数据采集扫描过程。激光扫描时，要注意扫描仪的角度和扫描仪与工件的距离，另外，移动不需要太快，平稳移动，使用激光将空白位置数据采集完毕即可。

扫描完成后单击停止，软件开始初步处理数据，等待数据处理完成，如图 17-10 所示。

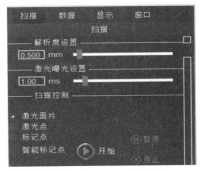

图 17-9　设置扫描参数

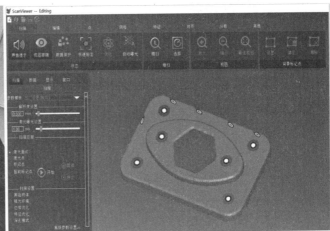

图 17-10　扫描仪对产品数据进行采集

（6）对扫描采集的数据进行处理：

1）将原先贴标志点的位置补孔优化。

2）用（孤立点、非连接）指令删除扫描时采集到与产品无关的点云。

3）将扫描到的数据网格化，对点云进行拟合并生成 STL 文件，如图 17-11 所示。

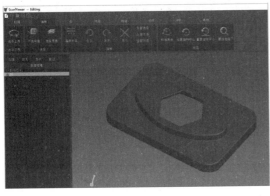
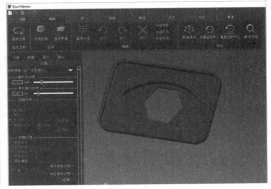

图 17-11　采集完整的数据生成 STL 文件

（7）分析比对。

1）用 Geomagic 软件分析比对，导入 3D 造型及扫描拟合的 STL 文件，如图 17-12

所示。

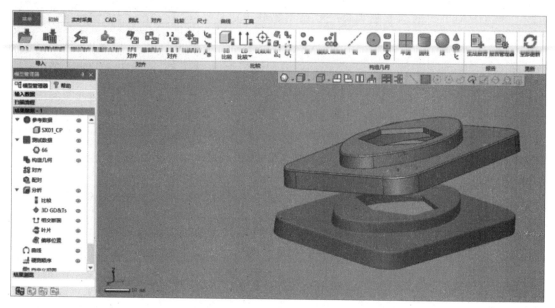

图 17 - 12　导入 3D 造型及扫描拟合的 STL 文件

2）使用初始对齐指令，让造型和点云相重合，如图 17 - 13 所示。

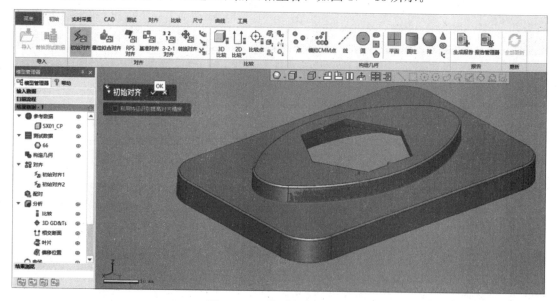

图 17 - 13　造型和点云重合

3）用 3D 比较，计算和显示参考值和测量值之间的形状偏差，如图 17 - 14 所示。

4）再使用 2D 比较，创建 2D 截面计算和显示参考值和测量值之间的轮廓偏差。分别创建 X、Y、Z 平面的截面绘制二维工程图并标注主要尺寸及偏差，分析产品实际尺寸是否符合公差范围，如图 17 - 15～图 17 - 17 所示。

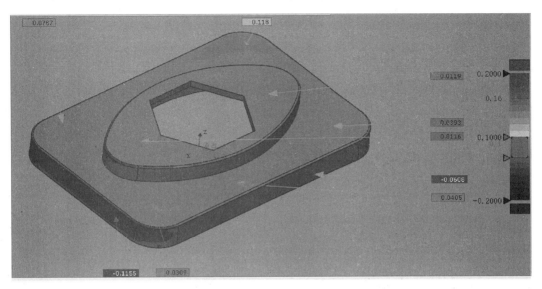

图 17 - 14　3D 比较

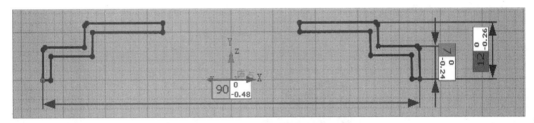

图 17 - 15　X 截面 2D 比较

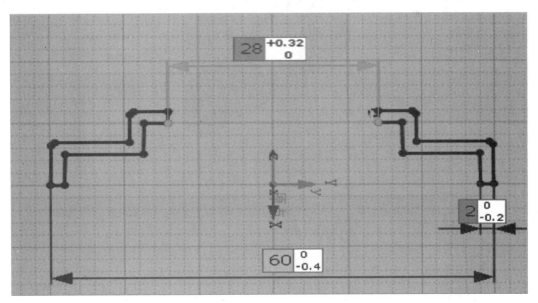

图 17 - 16　Y 截面 2D 比较

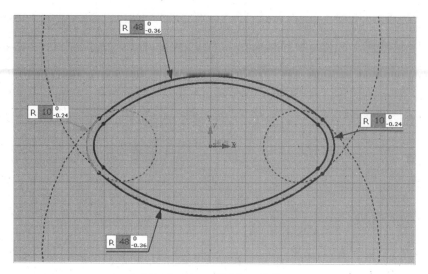

图 17－17　Z 截面 2D 比较

（8）生成分析比对检测报告。查看检测内容的结果，确认无误，导出分析比对检测报告，如图 17－18～图 17－21 所示。

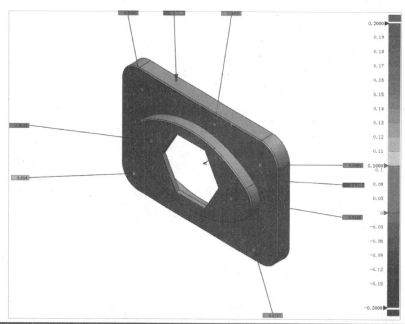

名称	结果名称	公差	偏差	参考位置			测试位置		
				X	Y	Z	X	Y	Z
CMP1: 1	结果数据 - 1	0 ~ 0.1	0.0393	-33.051	20.5687	6.88	-33.051	20.5687	6.9193
CMP1: 2	结果数据 - 1	0 ~ 0.1	0.118	-37.6197	-22.5064	6.88	-37.6197	-22.5064	6.998
CMP1: 3	结果数据 - 1	0 ~ 0.1	0.0787	31.5996	-24.5837	6.88	31.5996	-24.5837	6.9587
CMP1: 4	结果数据 - 1	0 ~ 0.1	0.0309	34.9201	18.1808	6.88	34.9201	18.1808	6.9109
CMP1: 5	结果数据 - 1	0 ~ 0.1	-0.1155	44.8109	13.8752	3.9588	44.6954	13.8752	3.9568
CMP1: 6	结果数据 - 1	0 ~ 0.1	-0.0609	-18	29.8651	2	-18	29.8043	1.9989
CMP1: 7	结果数据 - 1	0 ~ 0.1	0.0119	-22.6708	3.2756	11.87	-22.6708	3.2756	11.8819
CMP1: 8	结果数据 - 1	0 ~ 0.1	0.0116	23.4693	-1.3601	11.87	23.4693	-1.3601	11.8816
CMP1: 9	结果数据 - 1	0 ~ 0.1	0.0405	8.6295	24.5691	6.88	8.6295	24.5691	6.9205

图 17－18　分析比对检测报告一

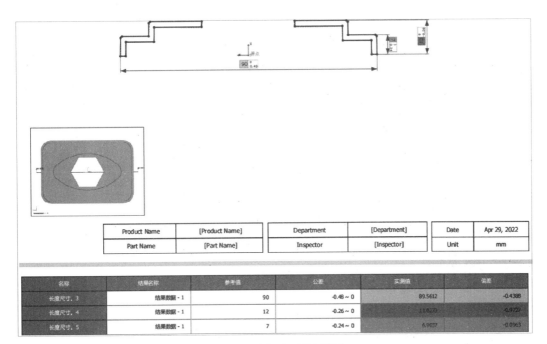

名称	结果名称	参考值	公差	实测值	偏差
长度尺寸. 3	结果数据 - 1	90	-0.48 ~ 0	89.5612	-0.4388
长度尺寸. 4	结果数据 - 1	12	-0.26 ~ 0	11.0272	-0.9728
长度尺寸. 5	结果数据 - 1	7	-0.24 ~ 0	6.9037	-0.0963

图 17 - 19　分析比对检测报告二

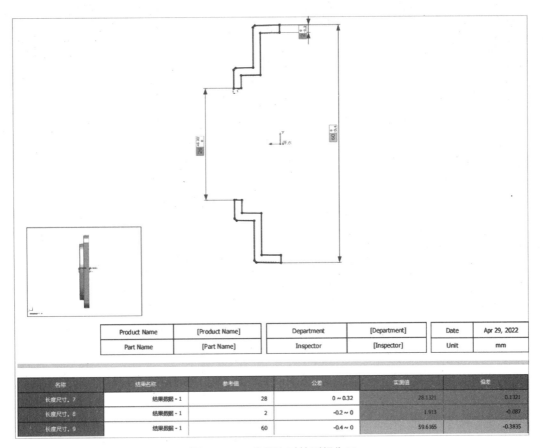

名称	结果名称	参考值	公差	实测值	偏差
长度尺寸. 7	结果数据 - 1	28	0 ~ 0.32	28.1321	0.1321
长度尺寸. 8	结果数据 - 1	2	-0.2 ~ 0	1.913	-0.087
长度尺寸. 9	结果数据 - 1	60	-0.4 ~ 0	59.6165	-0.3835

图 17 - 20　分析比对检测报告三

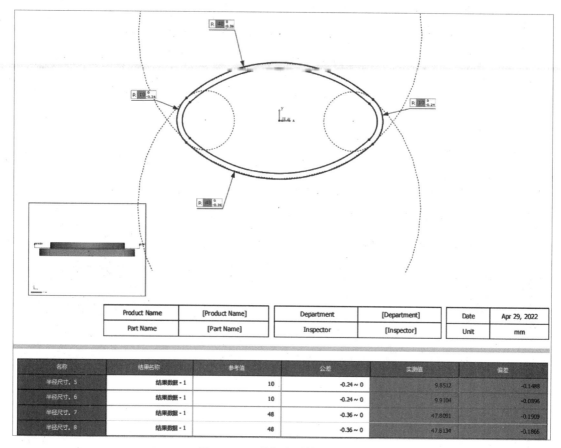

| Product Name | [Product Name] | Department | [Department] | Date | Apr 29, 2022 |
| Part Name | [Part Name] | Inspector | [Inspector] | Unit | mm |

名称	结果名称	参考值	公差	实测值	偏差
半径尺寸. 5	结果数据 - 1	10	-0.24 ~ 0	9.8512	-0.1488
半径尺寸. 6	结果数据 - 1	10	-0.24 ~ 0	9.9104	-0.0896
半径尺寸. 7	结果数据 - 1	48	-0.36 ~ 0	47.8091	-0.1909
半径尺寸. 8	结果数据 - 1	48	-0.36 ~ 0	47.8134	-0.1866

图 17 - 21   分析比对检测报告四

每课寄语

对企业来说，质量是生存的根本。有质量意识的员工和领导层会密切关注产品质量，且提出改善意见，促进质量的提高。模具的质量很大程度上决定着产品的质量、产品性能能否满足使用者的要求，这就必须抓好源头，提高员工的质量意识。

任务评价

表 17 - 2　塑料制件的激光检测评分表

学校：			实习班级：		
学生组号：			学生姓名：		
评分项目	评分要素	分值	评分标准		得分
塑料产品主要尺寸精度	8 个主要尺寸，参考表 17 - 1	64	1. 每个尺寸配分 8 分； 2. 尺寸超差不得分		
塑料产品外观质量	常见如飞边、缩痕、熔接痕、开裂、气泡、变形、翘曲等缺陷	36	每处缺陷扣 3 分，扣完为止		
合计配分		100	合计得分		

任务 18

成型零件的三坐标精密检测

任务内容

型腔、型芯的成型面有拔模斜度,用普通的测量方法不容易获得准确的数据,有条件的学校其精密测量可用三坐标测量仪实现,并写出检测报告。三坐标精密检测需要在相对无尘、防震、恒温的环境条件下,由专业技术人员操作完成。任务以型腔的测量为例,说明本副模具成型零件的三坐标精密检测过程。

教学视频 18

实训目标

1. 能根据给定的塑件主要尺寸,确定出测量所需的相关成型尺寸及偏差。
2. 能在三坐标检测仪装夹平台上对工件正确合理地装夹定位。
3. 能根据成型零件的相关特征创建正确合理的测量坐标系。
4. 能根据要检测的尺寸确定或构造出相关的测量元素。
5. 能出客观规范的检测报告。
6. 遵守三坐标测量室"7S"管理。

实施步骤

(1) 型腔是成型塑件外表面的成型零件。该零件上与塑件成型有关的尺寸,其制造公差,按塑件相关尺寸公差的 1/4 取。这些尺寸可在 NX 软件中通过型腔 3D 模型查出。在三坐标测量机上,重点测量这些尺寸。测量前先把该部分尺寸和偏差填入表 18-1。

表 18-1 型腔主要成型尺寸及偏差表

塑件公称尺寸	型腔相关尺寸及偏差标注
外形尺寸 90	90.21±0.06
外形尺寸 60	60.10±0.05

续表

塑件公称尺寸	型腔相关尺寸及偏差标注
高度尺寸 12	11.93±0.03
台阶高度 7	6.91±0.03
中心距 50	50.25±0.05
圆弧半径 48	48.06±0.05
圆弧半径 10	9.93±0.03
拔模角度 1°	1°±0.1°

（2）清洁机器工作台面、导轨面和工件，如图 18-1 所示。

本任务采用的是杭州中测科技有限公司的 5 轴三坐标测量机，型号为 BQM1086RH。

（3）工件安装定位。把型腔放在测量平台上的合适位置，由于工件自重较大且测量力很小，本任务可不用夹具，如图 18-2 所示。

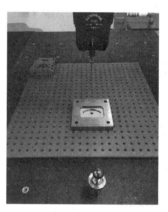

图 18-1　清洁机器工作台面、导轨面和工件　　　图 18-2　工件安装定位

（4）依次打开气源阀门、冷冻式干燥机、油气分离器和控制柜。

（5）测针组合选配及安装。本例采用的是长度 20mm 的加长杆和测头直径为 3mm 的测针组合。

（6）测头校准。

1）打开 UCCserver 软件，完成设备连接和机器回零，如图 18-3 所示。

图 18-3　机器回零

2）构建测头系统，如图 18 - 4 所示。

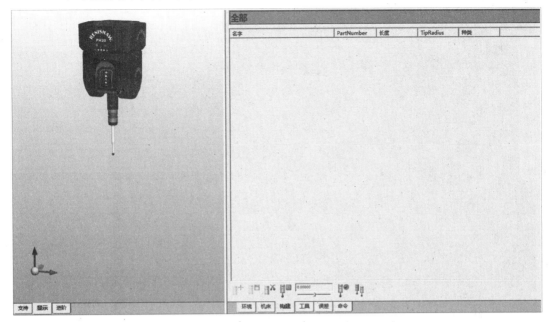

图 18 - 4　构建测头系统

3）校准测头，如图 18 - 5 所示。

图 18 - 5　校准测头

（7）建立测量坐标系。

1）打开 Rational DMIS 软件，构建与 UCCserver 软件中相同的测头系统，如图 18 - 6 所示。

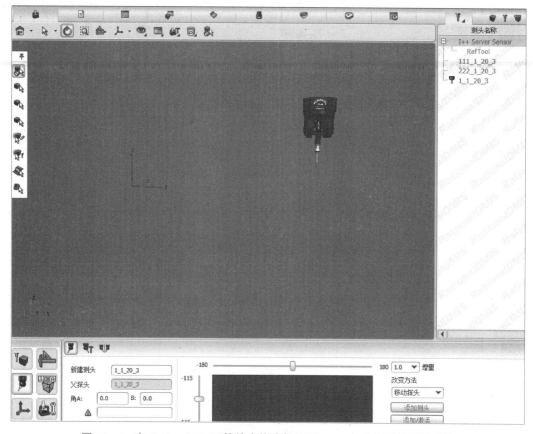

图 18-6　在 Rational DMIS 软件中构建与 UCCserver 软件相同的测头系统

2）建立工件坐标系。

使用软件测量功能和测量仪操控手柄，测工件上表面、长方向内侧面和浇口套孔，生成 2 个面和 1 个圆，如图 18-7～图 18-9 所示。

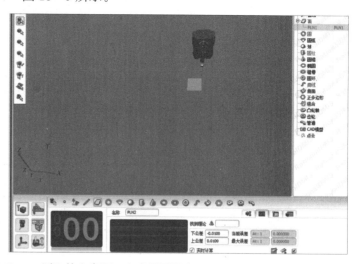

图 18-7　测工件上表面，生成平面元素

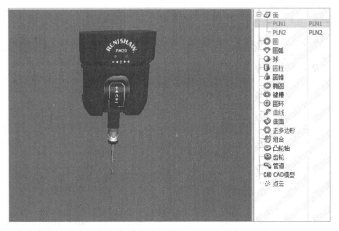

图 18-8　测长方向内侧面，生成平面元素

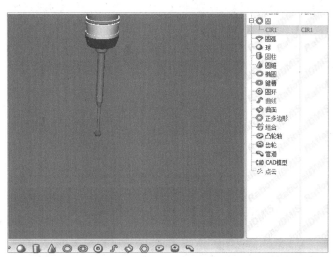

图 18-9　测浇口套孔，生成圆形元素

使用软件构造功能，用生成的上表面平面元素和内侧面平面元素，构造出线元素，如图 18-10 所示。

使用软件坐标系功能，用上表面平面元素、线元素和圆元素，建立工件坐标系，如图 18-11 所示。

调整工件坐标系，使之与型腔数字模型的坐标系位置统一（本例中型腔数字模型的坐标系已提前变动过，模型坐标原点沿用型腔建模时的位置，Z 轴反向，X 轴不变）。对工件坐标系的调整如图 18-12 所示。

调入型腔数字模型，并与模型对齐，完成测量坐标系创建，如图 18-13 所示。

（8）测量型腔中与塑件成型有关的尺寸和精度。

1）测其余 3 个内侧面、台阶面和底面，生成对应的面元素，如图 18-14 所示。

2）测 R48 圆弧和 R10 圆弧，生成圆锥面，如图 18-15 所示。

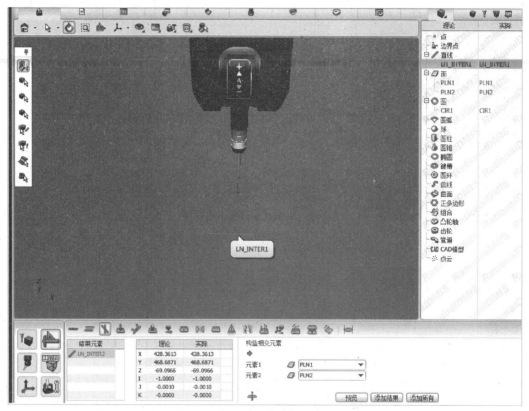

图 18-10　构造线元素

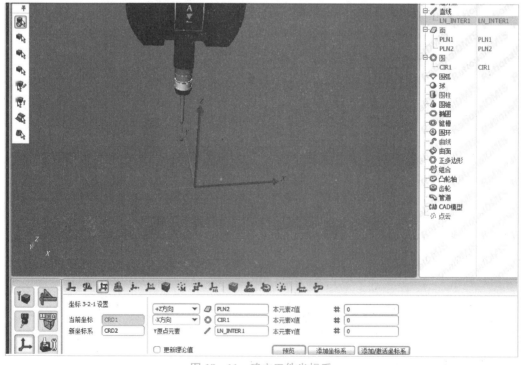

图 18-11　建立工件坐标系

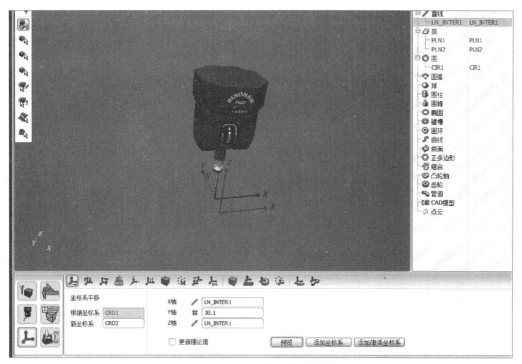

图 18－12　调整工件坐标系

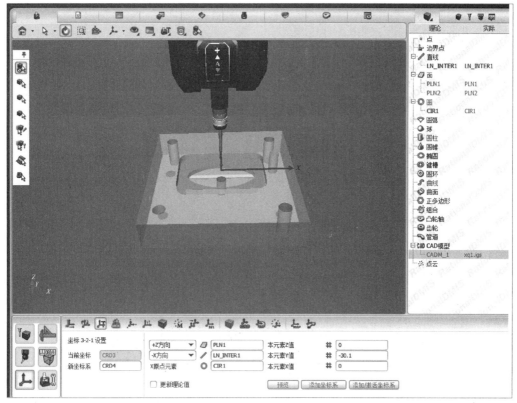

图 18－13　模型对齐

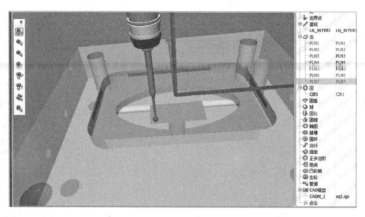

图 18 - 14　测量并生成对应面元素

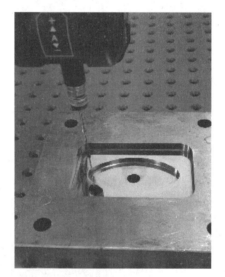

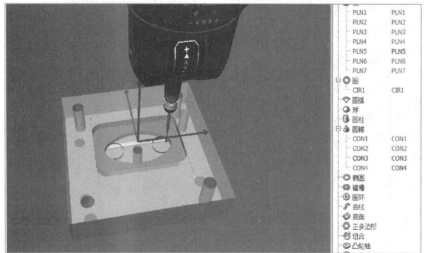

图 18 - 15　测量并生成对应圆锥面元素

3）用生成的平面、侧面和圆锥面，构造出测量尺寸精度用的相应的线、圆，如图18-16、图18-17所示。

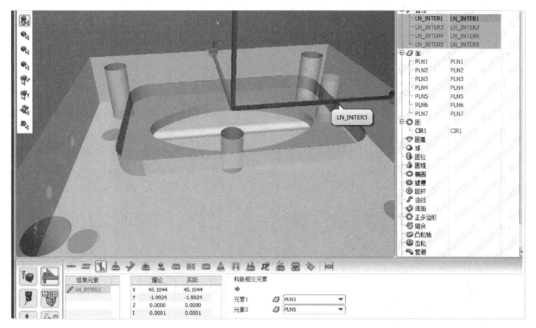

图 18-16　构造线元素

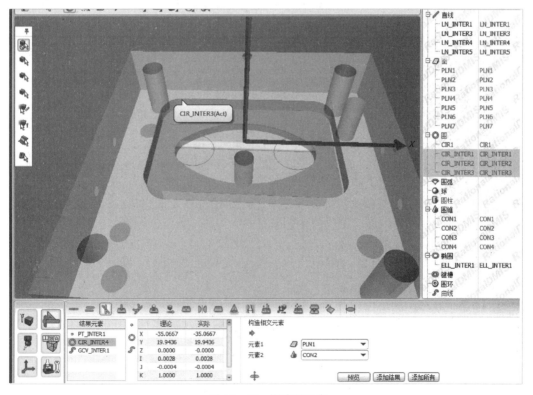

图 18-17　构造圆元素

4）使用软件公差功能，算出各尺寸的精度，如图 18-18～图 18-20 所示。

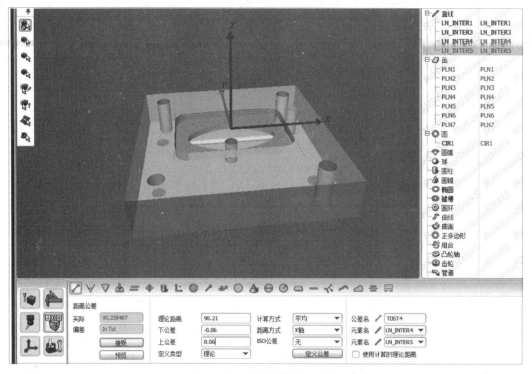

图 18-18　计算长度尺寸精度

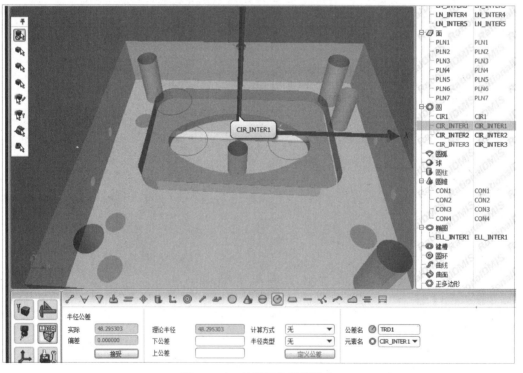

图 18-19　计算圆角半径精度

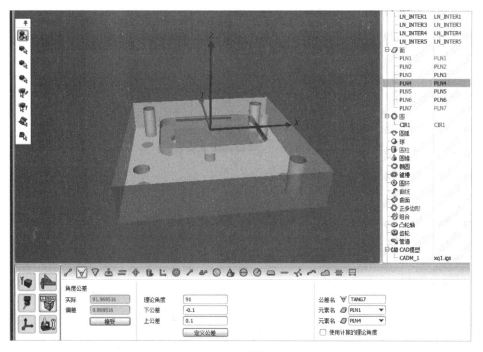

图 18-20　计算拔模斜度

（9）生成型腔的三坐标检测报告。

1）可查看测量内容的结果，如图 18-21 所示。

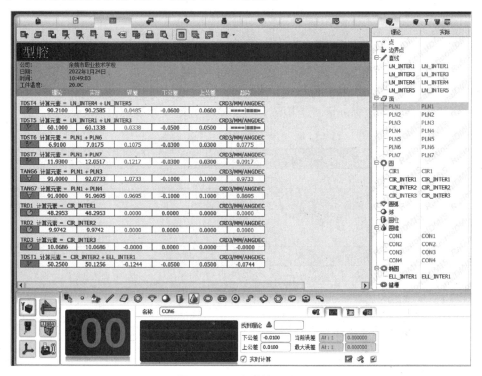

图 18-21　查看检测结果

2）确认无误后，导出三坐标检测报告，如图 18-22 所示。

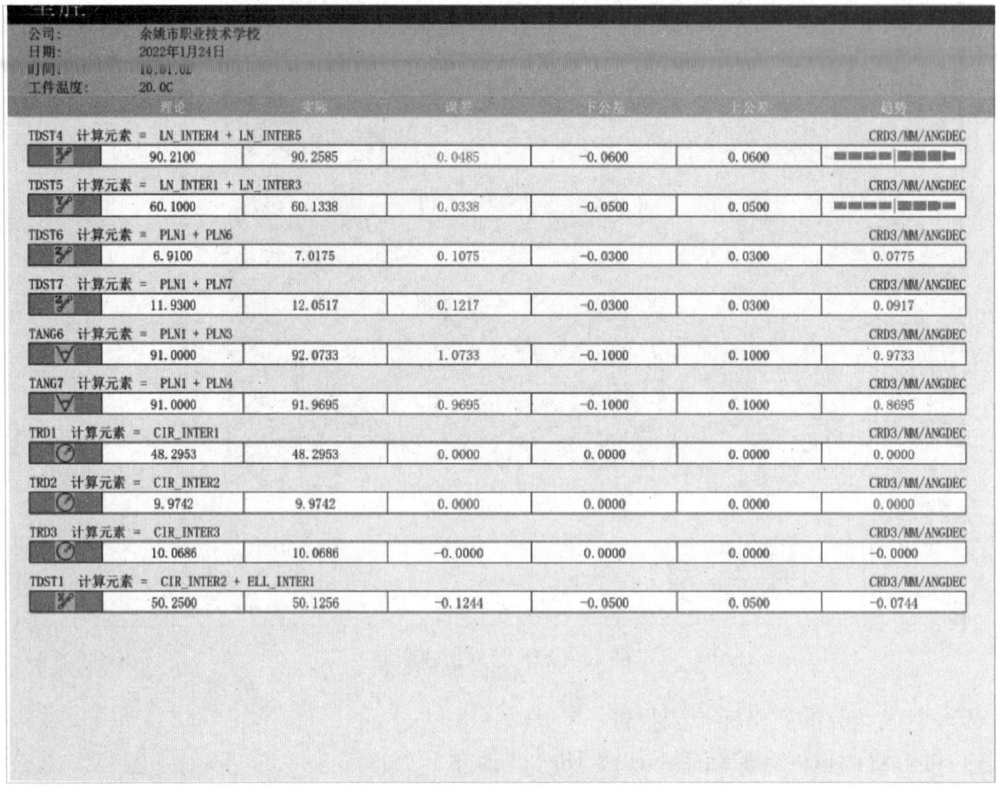

公司：余姚市职业技术学校
日期：2022年1月24日
时间：10.01.02
工件温度：20.0C

名称	计算元素	理论	实际	误差	下公差	上公差	趋势	
TDST4	LN_INTER4 + LN_INTER5	90.2100	90.2585	0.0485	-0.0600	0.0600		CRD3/MM/ANGDEC
TDST5	LN_INTER1 + LN_INTER3	60.1000	60.1338	0.0338	-0.0500	0.0500		CRD3/MM/ANGDEC
TDST6	PLN1 + PLN6	6.9100	7.0175	0.1075	-0.0300	0.0300	0.0775	CRD3/MM/ANGDEC
TDST7	PLN1 + PLN7	11.9300	12.0517	0.1217	-0.0300	0.0300	0.0917	CRD3/MM/ANGDEC
TANG6	PLN1 + PLN3	91.0000	92.0733	1.0733	-0.1000	0.1000	0.9733	CRD3/MM/ANGDEC
TANG7	PLN1 + PLN4	91.0000	91.9695	0.9695	-0.1000	0.1000	0.8695	CRD3/MM/ANGDEC
TRD1	CIR_INTER1	48.2953	48.2953	0.0000	0.0000	0.0000	0.0000	CRD3/MM/ANGDEC
TRD2	CIR_INTER2	9.9742	9.9742	0.0000	0.0000	0.0000	0.0000	CRD3/MM/ANGDEC
TRD3	CIR_INTER3	10.0686	10.0686	-0.0000	0.0000	0.0000	-0.0000	CRD3/MM/ANGDEC
TDST1	CIR_INTER2 + ELL_INTER1	50.2500	50.1256	-0.1244	-0.0500	0.0500	-0.0744	CRD3/MM/ANGDEC

图 18-22　三坐标检测报告

（10）测量完成后，各轴应回归原位，并按下急停，锁紧 X、Y、Z 轴。

（11）关闭软件、设备、气源，按规定进行维护、保养。

型芯的三坐标检测，本书不再举例，老师们可自行组织完成。为方便测量，型芯可与动模板装配后，再在三坐标测量机上检测。型芯主要成型尺寸及偏差表见表 18-2。

表 18-2　型芯主要成型尺寸及偏差表

塑件公称尺寸	型芯相关尺寸及偏差标注
外形尺寸 90	86.39±0.06
外形尺寸 60	56.28±0.05
高度尺寸 12	10.02±0.03
	11.93±0.03
台阶高度 7	5.00±0.03
中心距 50	50.25±0.05
圆弧半径 r48	46.18±0.05
矩形圆角半径 r10	8.02±0.03
类椭圆圆角半径 r10	8.05±0.03
拔模角度 1°	1°±0.1°

每课寄语

　　现代科技发展日新月异，知识、技术不停更新，很可能掌握的某项技能在一段时间后就被更高效、更便捷、更安全的方法替代。因此我们不应只满足于目前学到的知识和技能。有句话叫活到老、学到老。同学们，学习不只限于校园内，让我们通过终身学习，持续充电，为自己在这个绚丽多彩的时代，争取一个绽放靓丽自我的舞台！

任务评价

表 18-3　模具成型零件的三坐标精密检测评分表

学校：				实习班级：	
学生组号：				学生姓名：	
评分项目	评分要素		分值	评分标准	得分
成型零件主要成型尺寸精度	型腔 8 个主要成型尺寸		90	1. 每个尺寸配分 5 分； 2. 尺寸超差小于 0.01mm 不扣分，否则不得分	
	型芯 10 个主要成型尺寸				
成型零件外观质量	型腔	1. 是否去毛刺、倒角； 2. 是否有锈迹、擦伤、磕碰、过切、撞刀痕迹等外观缺陷	5	1. 未去毛刺、倒角每处扣 1 分； 2. 有外观缺陷的，按严重程度酌情扣分，扣完为止	
	型芯		5		
合计配分			100	合计得分	

塑料模具设计与制作项目实训任务书

实训项目： SX01 塑料盖模具

实训班级： 模具班

实训时间：

×× 职业技术学校实训处

SX01 塑料盖模具实训项目

 项目情景：

三力模具企业接到客户塑料制件"简单塑料盖"产品的模具设计与制造项目订单。

客户提供了以下资料与要求：

1. SX01 塑料制件工程图纸，如图一所示；

2. 塑料材料为：ABS（透明），收缩率取 0.5%；

3. 要求塑料制件精度等级为 MT2-B 级精度，表面粗糙度 Ra0.8；

4. 塑料制件生产 6 万个（中小批量）；

5. 模具拔模角取 1°，成型表面要求 Ra0.4；

6. 模具为一模一腔，模具结构图如图二所示；

7. 要求模具制作完成时间：15 天后制品交样。

三力模具企业是我校模具专业校企合作单位，由于模具企业最近业务较为繁忙，特邀请我校模具班学生参与设计制作这副模具。

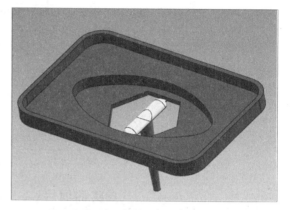

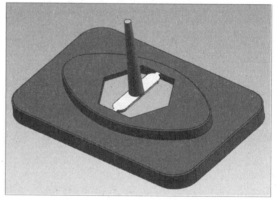

SX01 塑料制件三维建模效果图

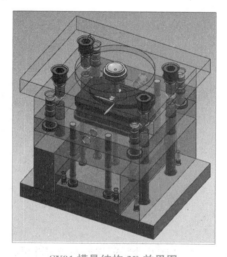

SX01 模具结构 3D 效果图

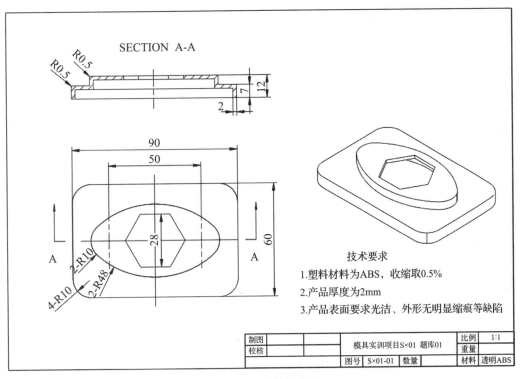

图一 SX01 塑料制件图

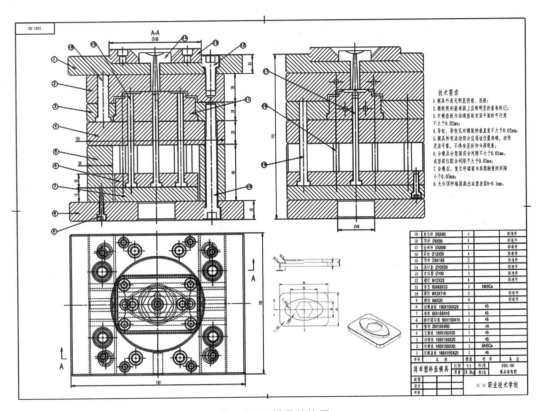

图二 SX01 模具结构图

项目任务

以此项目为背景，每 2 位学生一组合作完成以下 18 个任务：

任务 1　塑料制件的 3D 建模

根据塑料制件的精度要求及客户对模具和产品的技术要求，为了后续能快捷、更好地设计模具，请对塑料制件精确合理地 3D 建模。

任务 2　A1515 型模架 3D 建模

依据 GB/T 12555—2006《塑料注射模模架》标准，查阅 A1515-30×20×60 模架组合尺寸，参考任务书中图（二）模具结构图，使用 NX 软件，完成 A1515-30×20×60 型模架的 3D 建模。

任务 3　绘制模架零件 2D 工程图

根据任务 2 完成的模架 3D 造型，利用每块模板的 3D 模型导出零件加工的工程图纸，以 PDF 格式保存。

任务 4　模具设计 3D 建模

使用 NX 软件，完成塑件分析、成型零件、浇注系统、顶出机构、冷却水路及排气系统的设计，完成整副模具的 3D 实体建模。

任务 5　绘制成型零件 2D 工程图

根据任务 4 完成的模具设计 3D 建模，利用每个成型零件的 3D 建模导出零件加工的工程图纸，以 PDF 格式保存。

任务 6　确定模具加工方案并填写各项清单

根据学校模具制作实训室和数控加工实训室的设备条件，确定模架加工方案和模具成型零件的加工方案，并填写模具材料清单和加工所需要的刀具清单及工量具准备清单。

任务 7　模架加工及装配

依据任务 2 完成的模架结构和任务 3 完成的模板零件 2D 工程图纸，按照任务 6 确定的模架加工方案，完成 A1515-30×20×60 型模架的加工以及装配。

任务 8　型腔的数控编程及填写型腔数控加工工序卡

使用 NX 软件 CAM 加工功能模块，利用任务 4 设计的型腔 3D 数字模型，完成型腔数控加工刀轨的编制，后处理生成 G 代码程序文件，文档保存到相应的文件夹内，并填写型腔数控加工工序卡。

任务 9　型芯的数控编程及填写型芯数控加工工序卡

使用 NX 软件 CAM 加工功能模块，利用任务 4 设计的型芯 3D 数字模型，完成型芯数控加工刀轨的编制，后处理生成 G 代码程序文件，文档保存到相应的文件夹内，并填写型芯数控加工工序卡。

任务 10　动模板的数控编程及填写动模板数控加工工序卡

使用 NX 软件 CAM 加工功能模块，利用任务 4 设计的动模板 3D 数字模型，完成动模板数控加工刀轨的编制，后处理生成 G 代码程序文件，文档保存到相应的文件夹内，并填写动模板数控加工工序卡。

任务 11　型腔的数控加工

依据任务 5 绘制完成的型腔 2D 工程图、任务 9 编写的型腔数控加工程序以及型腔数控加工工序卡等技术文件，对定模板进行数控铣削加工，使之成为合格的模具成型零件。

任务 12　型芯的数控加工

依据任务 5 绘制完成的型芯 2D 工程图、任务 10 编写的型芯数控加工程序以及型芯数控加工工序卡等技术文件，对型芯进行数控铣削加工，使之成为合格的模具成型零件。

任务 13　动模板的数控加工

依据任务 5 绘制完成的动模板 2D 工程图、任务 8 编写的动模板数控加工程序以及动模板数控加工工序卡等技术文件，对其进行数控铣削加工，使之成为合格的模具成型零件。

任务 14　模具装配

根据任务 4 完成设计的模具 3D 实体模型和任务书中客户提供的模具结构图要求，装配整副模具，包括装配成型零件、浇注系统、顶出机构、导向机构、冷却水路等零件。

任务 15　成型零件表面抛光

使用油石、砂纸、橡皮轮、钻石研磨膏、羊毛磨头和气动抛光工具等对模具成型零件表面研磨抛光。

任务 16　注塑成型

在企业师傅的指导下，将模具安装固定到注塑机上，经过适当的调整和参数设置，最后注塑成型 10 个合格的塑料产品，并填写注塑成型过程实训单和塑料制品自检与缺陷分析表。

任务 17　塑料制件的激光检测

使用激光扫描仪对塑料制件进行非接触式的激光扫描采集数据，并用 Geomagic 软件对数据进行分析比对，生成检测报告，分析其尺寸精度和变形情况，以判断塑件是否满足客户对产品的精度要求。

任务 18　成型零件的三坐标精密检测

使用三坐标测量仪对成型零件主要尺寸进行精密测量，生成检测报告，分析成型零件的尺寸精度，以判断成型零件的加工质量。

模具设计与制作项目成果

一、电子文档

1. 提交塑料产品的 3D 建模文件 1 个；
2. 提交模具全 3D 设计的建模文件 1 个；
3. 提交模架零件加工图纸一套共 8 个文件（PDF 格式）；
4. 提交成型零件加工图纸一套共 3 个文件（PDF 格式）；
5. 提交型腔数控编程源文件和相应的 G 代码程序；
6. 提交型芯数控编程源文件和相应的 G 代码程序；
7. 提交动模板数控编程源文件和相应的 G 代码程序；
8. 提交模具结构图文件 1 个（PDF 格式）。

二、纸质文档和实物作品

1. 提交模具材料清单 1 张；
2. 提交模具加工刀具清单 1 张；
3. 提交成型零件数控加工工序卡 3 张；
4. 提交注塑成型过程实训单 1 张；
5. 提交塑料制品质量自检与缺陷分析表 1 张；
6. 提交塑料模具毕业设计 1 份；
7. 提交试模塑料制件样品 5 个；
8. 提交制作完成的模具 1 副。

模具综合实训内容计划表

时间		内容	场地与导师
第1天		任务1　塑料制件的 3D 建模 任务2　A1515 型模架 3D 建模	场地： 指导教师： 企业导师：
第2天		任务2　A1515 型模架 3D 建模 任务3　绘制模架零件 2D 工程图	
第3天		任务4　模具设计 3D 建模	
第4天		任务5　绘制成型零件 2D 工程图	
第5天	上午	任务6　确定模具加工方案并填写各项清单	场地： 指导教师： 企业导师：
	下午	任务7　模架加工及装配	
第6天		任务7　模架加工及装配	
第7天	上午	任务7　模架加工及装配	
	下午	任务8　型腔的数控编程及填写型腔数控加工工序卡	场地： 指导教师： 企业导师：
第8天	上午	任务9　型芯的数控编程及填写型芯数控加工工序卡 任务10　动模板的数控编程及填写动模板数控加工工序卡	
	下午	任务11　型腔的数控加工	场地： 指导教师： 企业导师：
第9天		任务12　型芯的数控加工	
第10天		任务13　动模板的数控加工	
第11天		任务14　模具装配	场地： 指导教师： 企业导师：
第12天		任务14　模具装配	
第13天		任务14　模具装配 任务15　成型零件表面抛光	
第14天	上午	任务15　成型零件表面抛光	场地： 指导教师： 企业导师：
	下午	任务16　注塑成型	
第15天		模具综合实训成果答辩会	场地： 指导教师： 企业导师：

参考文献

［1］张维合．注塑模具设计实用手册．2 版．北京：化学工业出版社，2019.

［2］徐佩弦．塑料注射成型与模具设计指南．北京：机械工业出版社，2014.

［3］郑柏波．十副模具助你成功：余姚中国模具城典型产品分析与制作．北京：高等教育出版社，2011.